低湍流度风洞试验

车学科　聂万胜　何浩波　侯志勇　编著

国防工业出版社

·北京·

内 容 简 介

　　本书主要介绍低湍流度风洞的设计研制、试验理论和试验技术。全书共7章，内容包括低湍流度风洞设计关键方法和流场校测，相似理论、误差理论和数据处理方法，15种常规风洞试验，试验测量技术，试验数据修正技术，8种基础试验程序和方法。

　　本书适合作为航空航天相关专业本(专)科生的试验课程教材或参考书，同时可供相关领域科研人员参考。

图书在版编目(CIP)数据

　　低湍流度风洞试验/车学科等编著 . —北京:国防工业出版社,2018.2
　　ISBN 978-7-118-11494-2

　　Ⅰ. ①低… 　Ⅱ. ①车… 　Ⅲ. ①低湍流度风洞–风洞试验 　Ⅳ. ①V211.74

　　中国版本图书馆 CIP 数据核字(2018)第 026679 号

※

*国防工业出版社*出版发行

(北京市海淀区紫竹院南路23号　邮政编码100048)
北京京华虎彩印刷有限公司印刷
新华书店经售

*

开本 710×1000　1/16　印张 11½　字数 210 千字
2018 年 2 月第 1 版第 1 次印刷　印数 1—1000 册　定价 58.00 元

(本书如有印装错误,我社负责调换)

国防书店: (010)88540777　　　　发行邮购: (010)88540776
发行传真: (010)88540755　　　　发行业务: (010)88540717

前　言

低湍流度风洞是一种湍流度低于 0.05% 的风洞,一般风速较低,其在湍流结构、转捩、流动稳定性、边界层控制等基础理论研究以及低阻翼型研制方面具有重要作用。国内对低湍流度风洞的研究起步较晚,数量和研究成果也比较少,随着我国经济和科学技术的发展,尤其是面临空气动力学基础理论和临近空间飞行器发展的迫切需求,低湍流度风洞越来越受到重视。

本书是对航天工程大学低湍流度风洞研制、使用以及多年教学实践的总结,第一章主要阐述了低湍流度风洞设计中的关键点及技术措施,并对航天工程大学低湍流度风洞进行了介绍;第二章论述了低湍流度风洞流场的校测方法,并将其应用于航天工程大学低湍流度风洞,结果表明该风洞最低湍流度达到 0.013%,并具有6 挡高精度变湍流度能力;第三章详细介绍了低湍流度风洞的试验理论,包括相似理论和准则、误差理论以及试验数据处理方法,为设计试验、获取试验结果信息提供了理论依据;第四章介绍了可以在低湍流度风洞开展的一些典型试验,其中等离子体流动控制试验是一种新型风洞试验;第五章介绍了常用的测量技术,包括压力、温度、速度测量技术,天平测量技术以及多种流场显示技术;第六章阐述了试验数据修正理论和方法,主要包括天平弹性变形和模型自重力影响、风洞气流平均偏转角和轴向压力梯度、支架和洞壁干扰、雷诺数影响等干扰因素的修正;第七章重点介绍了在航天工程大学低湍流度风洞开展的一些教学实践和科学研究,包括各试验的原理、内容、流程,并给出了一些思考题,其中等离子体抑制翼型流动分离试验涉及了等离子体的相似问题,本书在这方面也做了一些初步工作。

本书的出版得到了"2110"工程的资助,编写过程中得到了西北工业大学孟宣市博士的热情支持和帮助,同时作者还大量参考了国内众多同行、专家学者的研究成果,在此一并表示衷心的感谢。

由于作者学识水平有限,不足与疏漏之处在所难免,恳请读者和同行给予批评指正。

作者
2017 年 7 月

目　　录

第一章 低湍流度风洞设计

1.1 低湍流度风洞

空气动力学研究有四个基本手段,包括理论研究、数值模拟、风洞试验和飞行试验。

理论研究主要是根据对空气动力学现象的观察分析,将这些现象进行抽象和简化,提出一些假设,构造描述其物理本质的数学模型,建立相应的数学物理方程并根据相应的边界条件求解这些数学方程。

数值模拟即计算流体动力学,是通过计算机数值计算和图像显示,对包含有流体流动、热传导、化学反应等相关过程的系统所做的分析,其基本思想可以归结为:把原来在时间域、空间域上连续的物理量的场,如速度场和压力场,用一系列有限个离散点上的变量值的集合来代替,通过一定的原则和方式建立起关于这些离散点上场变量之间关系的代数方程组,然后求解代数方程组获得场变量的近似值。

风洞试验是在人工构造的流场中,放入飞行器的模型进行试验,然后测量其空气动力,试验结果直观而真实。风洞是传统的空气动力学地面模拟设备,是进行基础性研究和工程性试验的基本设备。我们把产生人工气流的特殊管道称为风洞。在这个管道中,速度最大、最均匀的一段称为风洞的试验段。试验时用支架把模型固定在试验段中,当气流吹过模型时,作用在模型上的气动力通过与支架相连的测力机构传给测量仪器,从而获得模型在各种状态下的气动力。利用风洞试验可以对空气动力学和流体力学的一些基本流动规律进行试验研究,包括翼型表面压力分布、边界层变化情况以及高马赫数飞行的气动热等问题。由于试验模型和观测仪器都是固定不动的,对流动现象的观测和数据测量都很方便安全,测试精度也比较高。许多重大的空气动力学问题正是用风洞试验方法来解决的,风洞试验成果最强有力地推动了空气动力学研究和飞行器研制的发展。空气动力学问题的理论计算结果,其可靠程度也要通过风洞试验来验证。目前世界上任何一种航空航天飞行器的产生,从初步设计到机型选择、定型的各个阶段里,总相伴着风洞中成千上万次的模型试验,每一次风洞试验数据都被作为飞行器设计的重要依据。可以说没有风洞试验就没有新型飞行器上天。风洞试验的不足之处在于不能保证和实际流场完全相似,试验时只能满足某些主要的相似参数。此外,风洞的洞壁和支架等对气流有干扰,与飞行器在无限空间中的自由飞行有所不同,因此试验数据需要适当的修正。

飞行试验是在真实飞行条件下进行科学研究和产品试验的过程,主要包括模型自由飞试验和样机试飞试验。飞行试验方法可用来验证风洞试验数据的可靠性,解决风洞试验难于解决的问题,能克服风洞试验模拟方式上的不真实因素。

空气动力学的发展史表明,试验空气动力学是空气动力学发展的基本手段。空气动力学的基本现象和基本原理都是通过试验逐步认识的,空气动力学研究上的重大突破都首先是试验上的突破,空气动力学的理论本身都是在试验研究的基础上发现和发展起来的。流动机理方面的研究以及数值计算结果的验证,仍然要依靠试验。风洞试验测量方便,试验参数如气流速度、试验状态易于控制,不受外界条件的影响,且费用较低;飞行试验的试验条件不容易控制,测量方法复杂。

因此,作为空气动力学研究的主要手段,理论研究、数值模拟、风洞试验和飞行试验相互补充,相互验证,相互促进。风洞试验方法是空气动力学研究中效果最好、应用最为广泛的方法。风洞试验将伴随科学技术的进步,特别是测量控制技术的发展,在空气动力学研究领域深度和广度的扩展中,愈益发挥其重要的作用。

根据风洞试验段中气流速度的大小,风洞可分为低速风洞($Ma \leqslant 0.3$)、高亚声速风洞($0.3 < Ma < 0.8$)、跨声速风洞($0.8 \leqslant Ma \leqslant 1.5$)、超声速风洞($1.5 < Ma \leqslant 5$)和高超声速风洞($Ma > 5$)。下面主要介绍一下低速风洞和低湍流度风洞。

1.1.1 低速风洞

一般把试验段风速 $v < 100\text{m/s}$ 的风洞称为低速风洞,此时气流马赫数小于0.3,所以空气仍可当作不可压缩的。对于一般的飞行器试验,其主要相似准则仅仅是表征粘性影响的雷诺数。在各类风洞中,低速风洞是出现最早、最完善,种类和数量最多的一种风洞。它有着广泛的用途,在航空航天方面,有关低速流的基础性研究,各种低速或高速飞行器的布局和性能研究,都在低速风洞中进行试验。不论何种高速飞行器,都要经历起飞或着陆阶段的低速飞行,所以低速试验是不可缺少的。一般工业用的风洞,绝大多数是低速风洞。

1. 低速风洞的特点

1) 尺寸大

由于速度低,单位面积气流所消耗的功率较小,不过总功率仍相当大,一般在几兆瓦量级,大型低速风洞可达几十兆瓦。

2）连续运转

除特别大的风洞外,低速风洞的功率比跨超声速风洞要低一些,可长时间运转。长时间运转会消耗大量能量,引起气流和风洞的升温。

3）对气流的性能要求高

根据相似理论,风洞提供的气流应该是充分均匀的,因此风洞中要设置很多整流部件。

2. 低速风洞的种类

按风洞的特点分为二维风洞、三维风洞、压力风洞、低湍流度风洞、低温风洞、全尺寸风洞、大气边界层风洞和特殊风洞。低速风洞按通道的形式可分为开路式风洞和回路式风洞。回路式风洞主要是指气流经过试验段后再沿着一个管道导回到试验段中去。回路式风洞又可分为三种形式,即单回路式、双回路式及环形回路式。回路式风洞所需空间较小,但由于需加回路、四个拐角和导流片等部件,构造较为复杂。

3. 低速风洞的组成和功用

以单回路式风洞为例,其组成如图 1.1 所示。

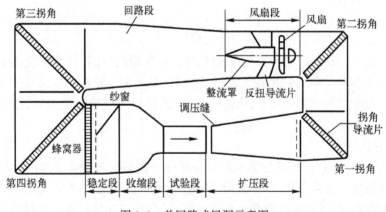

图 1.1 单回路式风洞示意图

1）试验段

试验段是风洞安放模型进行试验的地方,所以试验段气动力特性的好坏直接影响到测量数据的准确性。风洞对试验段有以下要求:流速、压力、温度等气流各参数在试验段内任一截面上应尽可能达到均匀分布,并且不随时间改变;气流方向与风洞轴线之间的偏角尽可能小;具有合乎实际要求的湍流度;装卸模型与进行试验方便。试验段的大小根据试验时所需达到的雷诺数(Re)以及堵塞比来定,Re 的大小取决于进行哪种类型的试验,堵塞比即模型的迎风面积与试验段横截面积之比应小于5%。

2) 扩散段

扩散段是横截面积逐渐扩大的一段管道,其作用是把气流的动能变为压力能,因为风洞损失与气流速度的3次方成比例,故气流通过试验段后应尽量减低速度,以减少气流在风洞非试验段中的能量损失。

通常用扩压效率来表示扩散段能量损失的情况,能量损失少,效率则高。影响扩压效率的主要因素是扩散角的大小,此外管道的截面形状对扩压效率也有影响,试验证明,圆截面扩压效率最高,长方形次之。

下面来看看装和不装扩散段的情况。假设两者在试验段的流速 V 都一样,有扩散段时,出口流速为 $v_{扩}$,无扩散段时出口流速显然为 V,又因出口处静压均需等于大气压 p_a,根据伯努利公式可列出两种情况下出口气流的单位质量气体的总能量。

无扩散段情形

$$p_a + \frac{1}{2}\rho V^2 = C_1$$

有扩散段情形

$$p_a + \frac{1}{2}\rho v_{扩}^2 = C_2$$

因为 $v_{扩} < V$,所以 $C_2 < C_1$。由此可见,不装扩散段的风洞,动力系统供给气流的总能量要比装有扩散段的风洞大。试验表明,扩散角一般在 $7° \sim 10°$ 范围内选择,超过这一限度,气流易在扩散段内部产生分离,这样不仅要损失能量,还会因气流分离而产生脉动。

3) 导流片

在回路式风洞中,气流沿着风洞洞身循环一次需要转过4个90°的拐角。气流在拐角处容易发生分离,产生涡旋,造成流动的脉动,导致能量损失。为了改善气流的性能和降低损失,在拐角处布置一列导流片,把拐角的通道分割成许多狭小的通道,导流片的截面形状与翼剖面相似。

4) 动力系统

由于摩擦、拐弯及分离等原因,气流在风洞内循环一周后会产生能量损失,造成一定的压力降低。为了在试验段维持一定的气流速度,必须有能量不断地补充进去,动力系统就起了这样的作用。动力系统的主要组成部分有风扇、反扭导流片、整流罩、动力装置和机械传动系统。其中反扭导流片的作用是为了保证气流的轴向流动。因为气流流过风扇时,风扇会使气流产生一个周向速度,而在风洞内气流的流向要求与风洞轴平行。为了减低这种滑流的周向速度,在风扇后必须安装

4

反扭导流片。整流罩是为了保护风扇的机械部件及电动机,并同时增加流过风扇的气流速度。动力装置带动风扇,所采用的动力装置应该满足以下要求:

(1) 给定转速工作时要稳定。

(2) 能调整转速,其调整范围最好能达 10:1 以上。

(3) 造价低,维护方便。

常用的动力装置是交、直流电动机组,即交流电动机带动直流电动机发出直流电,供直流电动机使用。调节发电机发出的电压,就可调节气流的流速。

5) 回流段

回流段也是一个面积增大的扩压段,在回路风洞中,它主要作为气流的回路。在风洞中试验段速度最大,扩散段内虽然气流的动能部分转化为压力能,但速度仍较大。在回流段内气流的速度已降低很多,此处的损失小。因为回流段的损失在整个风洞的损失中占较小比例,所以在回流段可用大的扩散角以缩短风洞长度。

6) 蜂窝器与阻尼网

蜂窝器(整流器)是由许多方形、圆形、六角形等截面的小格子组成,形同蜂窝。蜂窝器的作用是将大旋涡变成小旋涡并对气流进行导向。在开路式风洞中,气流由四面八方进入风洞,必须装蜂窝器进行整流。在回路式风洞中,气流经过第四拐角后,旋涡可能仍很大,为了把大旋涡打破成小旋涡,很多风洞在第四拐角后装有蜂窝器,从蜂窝器出来的小旋涡在稳定段受到阻尼会很快消失,使气流湍流度减低,同时气流经过蜂窝器时由于减少横侧方向的流动,气流方向被引直了,使方向与风洞轴线一致。蜂窝器的长度越长,整流效果越好,但长度增大,会使气流摩擦损失增加,好在此处的气流速度不大,虽然蜂窝器本身损失系数较大,但其损失只占整个风洞的5%左右。

一般风洞中,为了使风洞气流和飞行器真实飞行情况相似,都要采取措施降低气流的湍流度,其中阻尼网的效果最好。一般风洞中阻尼网眼及网线的直径都很小。由于稳定段的流速最低,损失较小,因此阻尼网都装在稳定段内,并在收缩段的前方,如与蜂窝器同时使用,则装在蜂窝器后。气流经过阻尼网后,大的旋涡被分割成许多小旋涡,在稳定段中先经过衰减,然后立刻再经过收缩段,气流绝对速度增大。阻尼网与蜂窝器的基本区别在于阻尼网不能对气流起导向作用。

阻尼网与蜂窝器所在的稳定段一般为等截面,位于收缩段前。为了使气流有足够的时间稳定下来,按照经验,稳定段长度常设计为 $(1/2 \sim 1.0)D$(D 为该段直径)。

7) 收缩段

收缩段将从稳定段流过来的气流进行加速。对收缩段的基本要求是：气流沿收缩段流动时，流速单调增加，在洞壁上要避免分离，收缩段出口处气流分布均匀且稳定。收缩段不宜过长，否则建造成本大，且能量损失也大。收缩段进出口的面积比称为收缩比。必须适当选择收缩比，一般而言，收缩比越大则收缩段出口气流的速度分布越均匀，气流的湍流度也越低，但收缩比过大，洞身随之增长，使造价增高。根据经验，收缩比一般选在 4~10 之间。

收缩段曲线的形状对试验段气流分布的均匀程度有较大的影响。收缩段靠近出口部分的曲线变化应缓慢些以稳定气流，对于收缩曲线的设计，通常采用维多辛斯曲线，其计算公式为

$$R = \frac{R_0}{\sqrt{1 - [1 - (R_0/R_1)^2] \left[1 - \left(\frac{x}{l}\right)^2\right]^2 \Big/ \left[1 + \frac{1}{3}\left(\frac{x}{l}\right)^2\right]^3}} \tag{1.1}$$

式中：(x, R) 为曲线上任意点坐标；R_1 和 R_0 分别为收缩段进出口截面的半径；l 为收缩段长度，一般取 $l = (1.2 \sim 2.4) R_1$；收缩段出口处常有一段长度为 $0.4R_0$ 的平直段。

试验证明，按照这个曲线做成的收缩段，出口截面的速度场都相当均匀。

8) 坐标架

坐标架是风洞必要的配套设备，其作用是为了固定各种模型、测量探头、模型支架等。根据不同试验的要求，坐标架可以有 2 或 3 个自由度，有的支架还可以倾斜或绕轴旋转。

1.1.2　低湍流度风洞

为了更好地预估飞机的飞行性能，开展低阻翼型和边界层控制方面的研究，20 世纪 30 年代末至 40 年代中，美国、英国等国建立了一批性能优良的低湍流度风洞。在 50 和 60 年代，由于一度把研究重点放在后掠翼、超声速飞行等方面，低湍流度风洞的发展有所减缓。60 年代末以来，随着边界层、超临界翼型、其他先进翼型和工业空气动力学得到重视，不仅美国恢复并发展了全尺寸低湍流度试验能力，法国也在 70 年代末建成了大型(4.5m×3m)低湍流度增压风洞，至今为止国内外已建造约 30 座低湍流度风洞，虽各有特点，但皆以湍流度不高于 0.05%并力争达到 0.02%(或更低)为首要目标，其中有 10 余座湍流度不高于 0.03%，不大于 0.02%者为数很少。1981 年和 1984 年，南京航空学院和北京大学先后建成了我国首批低湍流度风洞，湍流度 0.08%~0.06%。此后约 20 年来(表 1.1)，国内已先后建成并投入使用的四座低(变)湍流度风洞皆具有优良

6

的流场品质(各项指标合格,且绝大多数指标达国军标先进指标或较先进指标),其先进的(和较先进的)低湍流和变湍流性能已先后在教学、科研工作中发挥了不可替代的独特作用。

低湍流度风洞是研究湍流结构、转捩、边界层控制、飞行器层流化等与湍流相关气动现象的必要设备,其在试验验证层流稳定性理论及发展低阻翼型方面作出了重要贡献,近年来还进行了层流控制、高升力、大雷诺数下的半模和全模试验,以及流动稳定性、湍流发展变化、边界层内流动结构等研究。

表 1.1 成功研制的四座低(变)湍流度风洞

建成时间	所在单位	型 式	收缩比 C	口径/ (m×m)	风速/ (m/s)	最低 ε /%	变湍范围 /%
1989	西北工业大学	闭口直流	7.11×3.18 =22.61	1×0.4	3~75	0.02~0.01	0.02、0.06、 0.1、0.33、1、3
		直流串式		1×0.4	3~80	0.02	0.03、1、3
		直流单式		1.2×1.05	3~60		
1999	天津大学	闭口直流	7.11×1.78 =12.66	0.45×0.35	0.6~42	0.05~0.03	0.03、0.2、 0.8、2.2
2002	清华大学	闭口回流	6.25×1.44 =9	0.8×0.3	2~40.5	0.03~0.02	0.02、0.2、1、 4、5
2008	航天工程大学	闭口直流	12.96×1.25 =16.2	1×0.8	2~70	0.02~0.013	0.013、0.033、 0.04、0.12、 0.27、0.62

1.2 低湍流度风洞关键设计方法

1.2.1 稳定段设计方法

在直流式风洞中,稳定段是风洞入口的一段,进入稳定段的气流是直接从大气环境中来的,因此一定会紊乱不匀。稳定段的作用在于使紊乱不匀的气流有足够的时间稳定下来,衰减气流中的旋涡,提高气流的方向和速度的均匀性。因此,稳定段一般是风洞中截面积最大、流速最低的区域。稳定段设计成具有一定长度的、等截面的管道。

1. 稳定段前方环境来流的处理要因地制宜

作为稳定段的预备段,其前方来流需经过一个空间较大、上下左右基本对称(最好挖低坑)、三面进气(前、左、右)通畅、大面积窗应预设两道网面(外层粗丝大孔网保护,内层细丝小孔网整流)的进气室。

2. 小孔型蜂窝器

为了破碎旋涡,导顺和拉匀气流,减弱尖跳流动,尤其是减少湍流的横侧分量,传统大孔径蜂窝器对减少湍流度作用不大,航天工程大学低湍流度风洞采用航空铝合金材料小孔型蜂窝器,孔型当量直径为 $8\sim10$cm,孔深为 $8\sim10$ 倍孔型当量直径(100mm),以免在蜂窝器尾部因不稳定性产生复杂的剪切干扰。

单独蜂窝器的效果不理想,应在其后约 15 倍孔型直径(150mm)处增设一层细丝阻尼网。该阻尼网丝径要细,开度比 β($\beta=(1-d/l)^2$,其中 d 为网丝直径,l 为网孔尺寸)约 60%。

3. 阻尼网组的匹配

在稳定段整流措施中,最为重要的是多层阻尼网组,把蜂窝器网组之后的高湍流水平要大幅降减到收缩段入口处的量级(约 0.1% 或更小),基本上要依靠多层网组。阻尼网组配置在蜂窝器网组之后 $30\sim40$ 倍蜂窝器孔型直径处。当网孔的开度比 β 较小时,来自大量网孔的类射流引起不稳定性并形成一种持久性纵向旋涡而流经收缩段。因此低湍流度风洞多用网孔开度比 β 为 58%~64% 的大开度比网,由开度比的定义来确定网孔目数。当网丝雷诺数达到一定程度,网丝还会引起小旋涡。因此网丝直径的选用需符合雷诺数的范围($30\leqslant Re\leqslant60$),不宜大于 60,丝径大小应为 $0.15\sim0.25$mm。

阻尼网的另一个重要参数是阻尼网的压降系数 k。当稳定段的风速 $v<10$m/s 时,使用 Wieghardt 公式 $k=6.5[(1-\beta)/\beta^2]/(vd/\beta\nu)^{1/3}$;对试验段要求风速较高的情况,若稳定段的风速 $v>10$m/s,应用 Collar 公式 $k=c(1-\beta)/\beta^2$ 估算网压降系数。每层阻尼网的压降系数为 $1\sim2.5$,但常以 2 左右为好。

阻尼网组的层数 n 应取决于稳定段末尾预设的湍流度量级。由于阻尼网组的湍流减少系数 $f_n=1/(1+k)^{n/2}$,稳定段末端的湍流度 U'_s/U_s 量级除了取决于蜂窝器和阻尼网组,还应留一定的旋涡衰减距离 $L_衰>0.2D$(D 为稳定段出口处的当量直径)。对于稳定段末端的湍流度用公式 $U'_s/U_s=f_n\cdot U'_h/U_h$ 来估计。

表 1.1 中四座风洞成功的工程实践表明,在蜂窝器网组之后的湍流度 U'_h/U_h 约为 5%(有的回流式风洞约 6%)。一般来说,试验段的湍流度若要达到 0.03%~0.01%,这种严格匹配的阻尼网层数就应在 $8\sim12$ 层配置(且网间距离不宜太小,不小于 $500d$)。

四座风洞选用的收缩比 C 不同,其 f_c 大小不一,要使 ε_t 的预定值不致太高,就需设定好 ε_s,于是反推所需的 f_n(从而可决定所需的网面层数和规格)后,在市场选用合适的网面规格就是一个很实际的难题,故需多种应对方案,则采用图 1.2 所示的综合性速算曲线就显得较为有效方便。

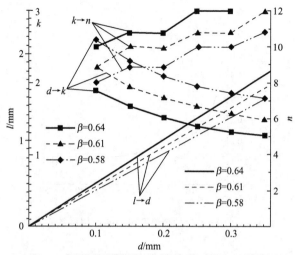

步骤：1. 由市场供货的网目→l（给定β）2. 由l→d（给定β）
 　　 3. 由d→k（给定β）4. 由k→n（给定β）

图 1.2　某风洞阻尼网组层数速算曲线

1.2.2　收缩段设计方法

低湍流度风洞设计的关键在于收缩段。

1. 合理选用较大收缩比

在适当的较大收缩比 C 范围（$6 \leqslant C \leqslant 20$）内，选用符合工程实际的收缩比值，不仅可减小能损，也可不同程度降低三个方向上相对湍流量值的水平，而 C 过大（$C>25$）不仅成本高，且易引发低频旋涡及影响各向同性。按各向同性的假定，试验段入口处的湍流强度 ε_t 可表示为

$$\varepsilon_t = U'/U_t = f_c \cdot \varepsilon_s = f_c \cdot U'_s/U_s$$

$$= \{0.75[\ln(4C^3)-1]/C^2 + 1.5C\}^{1/2}/(\sqrt{3}C) \cdot U'_s/U_s \qquad (1.2)$$

由式（1.2）得出收缩比作用系数 f_c-C 曲线，如图 1.3 所示。只有当假定收缩段入口处湍流度为 $\varepsilon_s = U'_s/U_s \leqslant 0.1\%$ 的某值时，C 选用适当的值时才可得到所希望的试验段入口处湍流度 ε_t 的理论预估值。当然，工程中考虑风洞下游扰动的上传，ε_t 理论预估值往往应设定得更小些。因此，表 1.1 中各风洞的 C 值是依所希望的 ε_t 值并结合成本、可用空间等综合而定的。

2. 二次收缩并采用较大长径比

以表 1.1 中航天工程大学低湍流度风洞为例，当综合考虑取总的 C 为 16.2 时，其收缩比作用系数 f_c 约为 0.1758，即绝大部分的收缩段入口湍流度 ε_s 已被衰减。为了在实现这一预期目标的同时，又保证各组变湍流格网既能增湍又能横向

9

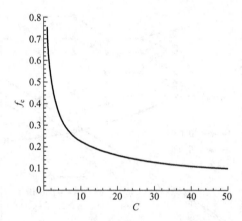

图 1.3　收缩比 C 对湍流度减小的作用系数 f_c 曲线

均匀分布(变湍流格网不宜放置于稳定段尾部及试验段入口),还能在必要时做比 1m×0.8m 口径空间更大的特殊试验,则可考虑采用二次收缩,使 $C = C_I \times C_{II} = 12.96 \times 1.25 = 16.2$,且为了避免分离,取第 I、II 收缩段的长度分别为入口当量直径的 1.286 倍及 0.98 倍,又适当在两段出口取平直延伸段,使出口气流更均匀。

3. 使用便捷的通用解求取五次方关系壁型

要达到好的流场品质,特别是达到较先进的低湍流度指标,不仅要合理选用较大收缩比,还必须考虑所用壁型能确保在收缩段出口气流均匀、稳定、不发生分离,并有很薄的边界层厚度。这样,在进口和出口部分的壁型应该变化缓慢,具有尽可能小的曲率。工程实践表明五次方关系曲线为收缩段壁型设计的较简便的有效方法,因此,航天工程大学在设计中也采用五次方关系收缩段曲线方程:

$$R = a_0 + a_1 X + a_2 X^2 + a_3 X^3 + a_4 X^4 + a_5 X^5 \qquad (1.3)$$

式中:X 为轴向距离;R 为轴向各横切面当量半径;$a_0, a_1, \cdots, a_5$ 为待定系数。

根据对收缩段入口处和出口处气流连续缓慢变化、不发生分离的要求,其边界条件为

入口处:

$$X = 0: \quad R = R_1, \frac{dR}{dX} = 0, \frac{d^2R}{dX^2} = 0 \qquad (1.4)$$

出口处:

$$X = L: \quad R = R_2, \frac{dR}{dX} = 0, \frac{d^2R}{dX^2} = 0 \qquad (1.5)$$

如果每个风洞设计收缩段时都需要通过具体的数据去解方程、简化、确定各个系数,这样会显得不够便捷。式(1.6)为根据实践经验得到的通用解:

10

$$R = \frac{1-\sqrt{C}}{2} \cdot D_{e_2} \left[\frac{\sqrt{C}}{1-\sqrt{C}} + 10 \left(\frac{X}{L}\right)^3 - 15 \left(\frac{X}{L}\right)^4 + 6 \left(\frac{X}{L}\right)^5 \right] \qquad (1.6)$$

一旦收缩比 C 和出口处的当量直径 D_{e_2} 确定,很快就可以得到收缩段壁型公式。

1.2.3 试验段下游优化设计

试验段的噪声除与边界层内压力脉动有关外,主要来自通道内的轴向声波,也就是风扇。试验段的湍流水平、流场品质除受到噪声影响外,还要仔细避免下游各部段的分离、低频不稳定、各种扰动的上传,故风扇动力段、导流片设计中有关具体问题要慎重选择,作系统性优化匹配。表 1.1 的四座风洞在设计中做了以下尝试:

(1)大实度风扇(10~12 叶)。

(2)解决好预扭片和反扭片,做好气动设计和排除干扰。

(3)除一层细丝径保护网外,在整流罩头前方较远处等截面通道内还设置多层(2 层)细丝径整流消音网(d 为 0.2~0.5mm)。这些网皆应采用不锈钢材质以及大开度比($\beta \geqslant 80\%$)。

(4)电动机所在的包容式整流罩尾部外轮廓与洞体内壁之间的通道沿轴向应采用 3°~3.5°以内的半锥角,以免发生分离和干扰。

(5)从扩散段到动力段的尾部以及对于回流式风洞的二扩段和大端回流道,宜开许多小孔群区域,以削弱声波发射,并减弱旋涡的发展(孔径约 $\phi1\sim2$,小孔面积约占 5%)。第Ⅱ收缩段及整个下游(扩散段、方圆段和风扇动力段)的洞壁皆为夹层结构,充填吸声材料。

(6)对于回流式风洞第四拐角导流片的尾部距蜂窝器的轴向距离不小于 2~3 倍导流片弦长,且导流片片距为 12~15 倍蜂窝器的孔型尺度。

(7)除了发动机基座要隔振、动力段与扩散段之间要软连接之外,应对直流可控硅调速系统设备建造屏蔽室;不宜采用变频调速,以免电磁干扰影响热线风速仪等电子测量设备。

1.2.4 变湍流度技术

1. 适当选择变湍流度格栅的位置

变湍流度格栅的作用是为了增加湍流度,若设置于稳定段或收缩段进口处,则起不到增湍作用,若将其设置得离试验段过近,则湍流度虽可增大却难以均匀分布,因而将它们设置于收缩段中下游部位比较适宜。

2. 尽量减小对收缩段气动轮廓的破坏

变湍流格栅会破坏收缩段气动型壁,为尽量减小这种影响,在两收缩段间以平直过渡段相连,使气流从第一段进入第二段前有一稳定过程,并使插入式变湍流度格栅的外框与洞壁密合,从而削弱其扰动作用。在不需要增大湍流度时,可随时将尺度不大的格栅抽出,盖上内壁平滑的堵盖即可恢复极低湍流度状态。

3. 宽范围变化的格栅结构尺寸

为增大变湍流度范围,须选择适当直径的多种材料,使格栅丝径的雷诺数在600~3000之间变化,甚至更高,同时格栅孔的正方形边长尺寸 M 与 d 的比值也会影响所产生的湍流强度大小。

航天工程大学低湍流度风洞在试验段上游设置可以互换不同规格的变湍流度格栅。现有 1#网(格栅金属丝外径 d 为 0.5~0.6mm,各格栅孔形边长 M 为 5~7mm),2#网(格栅金属丝外径 d 为 0.9~1.0mm,各格栅孔形边长 M 为 9~11mm),3#网(格栅金属丝外径 $d=5$mm,各格栅孔形边长 $M=60$mm),4#网(格栅金属丝外径 $d=5$mm,各格栅孔形边长 $M=30$mm),5#网(格栅金属丝外径 $d=5$mm,各格栅孔形边长 $M=10$mm),6#网(格栅金属棒宽度 $d=20$mm,各格栅孔形边长 $M=40$mm)。

1.3 低湍流度风洞设计实例

航天工程大学低湍流度风洞本体为直流、闭口试验段结构形式,其主体结构由稳定段、收缩段、试验段、动力段和扩散段组成,如图1.4所示。

1.3.1 稳定段

本风洞在稳定段入口处蜂窝器前采用一小段平壁,以便导顺上游来流,减小来流偏角。稳定段的内部流道是一个带小切角的正方形结构。为了破碎旋涡,导顺和拉匀气流,采用了小尺度的六角孔形铝合金复合蜂窝器,其后不远处还增设了一层细丝径网。又在下游匹配了12层细丝径阻尼网。

1.3.2 收缩段

收缩段使稳定段的气流均匀地加速后进入试验段,它也有助于提高试验段气流的均匀性、降低湍流度。在试验段横截面积和气流速度大小一定的条件下,如果收缩比取得大一些,则可以降低稳定段的气流速度,从而使稳定段和整流装置改善流场品质的作用发挥得更好,而且气流的能量损失也要小一些。但是收缩比大,洞体的尺寸就要增大,风洞的造价就要增加。本风洞的收缩段为二次收缩结构,收缩曲线为五次方曲线,经过优选,其总收缩比为 $12.96 \times 1.25 = 16.2$,收缩段总长度为6.9 m。

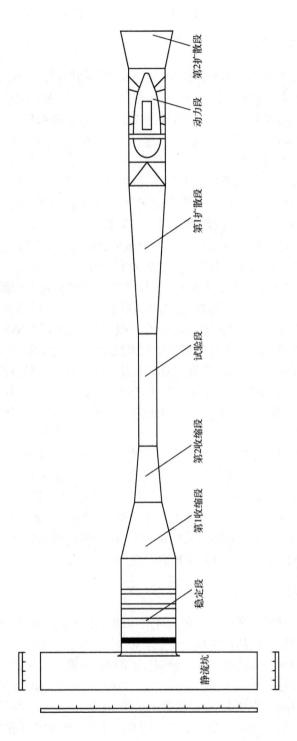

图1.4 航天工程大学低湍流度风洞本体示意图

第2扩散段

动力段

第1扩散段

试验段

第2收缩段

第1收缩段

稳定段

静流坑

13

1.3.3　试验段

试验段的尺寸主要取决于风洞的用途、建造与使用的费用。在试验段,气流的速度在空间分布应均匀,气流的方向与风洞轴线的夹角较小,湍流度较低和轴向静压梯度较小。对试验段流场的要求,国内外已规定了流场品质指标,对于一个新建的风洞,需要对其试验段的流场品质进行校测,才能投入运行,风洞经过一段时间的运行之后,也需要进行校测。

低速风洞试验段的横截面形状是多种多样的,常见的有长方形、正方形、圆形和扁八角形。试验段的横截面形状主要取决于风洞的用途,如专门进行螺旋桨试验的宜用圆截面,主要进行飞机试验的宜用扁八角形。

试验段的长度应按试验要求而定。对飞机试验,闭口试验段的长度一般是横截面积当量直径的 1.5~2.5 倍,而对于开口试验段一般是 1~1.5 倍。在闭口试验段中,由于沿流动方向洞壁上的边界层厚度逐渐增大,截面有效面积就逐渐减少,这样就会在试验段产生轴向静压梯度,影响阻力的测量。因此,试验段沿流动方向一般都有很小的扩散角,或者逐渐减小切角的面积,使横截面积逐渐扩大,以此来减小由于壁面边界层沿流动方向增厚而产生的静压梯度,满足试验的要求。

与闭口试验段相比,开口试验段具有模型安装方便的优点,而且在进行螺旋桨试验和旋成体试验时,风洞的边界影响也要小于闭口试验段。但是,开口试验段的能量损失比较大,流场品质也不如闭口试验段好。因此,现有的大多数低速风洞采用了闭口试验段。

本风洞的试验段横截面为接近正方形带有小切角的长方形,其尺寸为 1m(高)×0.8m(宽)×4m(长),小切角沿轴向始终为 0.06m×0.06m,装模型的转窗中心距试验段进口 1.5m。前窗壁上共有 46 个探测孔,后壁为大平板。上下壁面不是通常简单的半扩 0.5°,而是在参考西北工业大学、天津大学、清华大学和北京大学设计研制经验的基础上,采用 $(\theta/2)_{锥} = 0.124°$,试验段出口总高度为 1.0334m,即双边净扩尺寸为 34.4mm。各内表面光洁平整。

1.3.4　动力段

风扇是动力系统重要的部件。风扇设计所用的理论基本上和螺旋桨设计理论相同。风扇叶片的数量一般超过 4 片,甚至达 30 多片;风扇叶片的剖面形状一般选用气动性能优良的翼型。从风扇叶片的强度、噪声和气流的压缩性等方面考虑,风扇叶片尖部的切线速度要小于 165m/s。气流在风洞动力段内流动时,导向片或预扭片可以改善风扇的工作状态,提高风扇的效率;止旋片或反扭片可消除风扇后气流的旋转,引直气流,使气流的旋转动能转变为压力能;整流罩可改善气流通过

14

风扇前后的流动条件,减少气流的能量损失,并对电机及其传动系统起防护罩的作用。导间片(预扭片)和止旋片(反扭片)还可作为整流罩的支座。

本风洞动力段注意了降湍、减振、减噪的优化处理,其前部为方圆过渡段,内装2层整流消音网;采用 Z2-101 机型(101kW,1500r/min)直流电机,安置于细长包容式整流罩中;采用 12 叶风扇,10 个反扭导流片和 11 个预扭导流片;后部通道扩张角很小。该段及绝大部分通道为夹层结构,充满吸音材料,并采用小孔群内表。

1.3.5 扩散段

气流通过扩散段也有能量损失,这个能量损失由摩擦损失和扩压损失组成。扩压损失是气流在逆压梯度下产生气流分离而产生的损失。扩散段的当量锥角称为扩散角。当量锥角是指具有与扩散段的长度、入口和出口面积相同的假想圆锥断面的锥角。扩散段扩散角增大,摩擦损失减小,但扩压损失增大。经验证明,低速气流最佳的三维扩散角是 5°~6°。本风洞的扩散段分为两段,在动力段前后各一。

第二章　低湍流度风洞流场校测

2.1　流场校测方法

2.1.1　总压、静压测量方法

总压也称驻点压力,即流动受到滞止、速度降到零时的那点的压力。可以利用插入流体中的总压管来测量总压,总压管头部的形状和尺寸有多种形式,它是根据不同使用场合和测量要求而设计的。L形总压管是使用最广泛、结构最简单的总压管,它具有多种形状的头部(图2.1),其测压孔对准流动方向,以测量该点处的总压。总压管的几何尺寸应尽量小,以减小对流动的干扰。此外,总压管对方向性不能太敏感,总压管的头部形状及测压孔孔径和管外径之比很大程度上决定了探针的方向敏感性。图2.1(a)所示的是结构最简单的总压管,当测压孔径与外径之比为0.6和方向偏斜角小于15°时,对测量不会有显著影响。半球形头部对方向性较敏感(图2.1(b))。图2.1(e)所示的总压探针装在具有喇叭形进口的圆形导流管内,这种结构的总压探针在偏斜角40°、马赫数在0~1范围中均能准确测出总压值。如果要同时测量流场中一系列点的总压,可以把多根总压管安装在一个支架上,组成总压排管来进行测量。

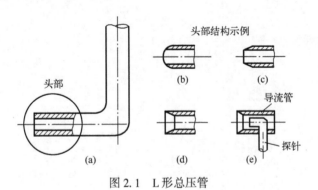

图 2.1　L形总压管

当测压仪器对流场无干扰或以流速同样的速度随流体一起运动时,在某点上所测出的压力为静压。但在实际测量中,不可能严格地得到运动流体中某定点上静压的真实值,只能采用对流场干扰较小的方法来测得静压。静压的测量可分为以下两种情况:

1. 流道壁面静压或流线体表面压力分布的测量

对于这种情况,可以在流道壁面或流线表面开静压孔,再通过传压管把该点的静压引出流场外进行测量,如图 2.2 所示。该方法简单,只要孔开得合适,就能比较精确地测得该点的静压。开静压孔应注意以下几点:

(1)静压孔应沿壁面法向方向开设;

(2)孔径应当足够小,但是以不被堵塞和满足对静压变化的敏感性为限度,一般建议孔径在 0.5~0.8mm 范围,最大不超过 1mm;

(3)孔口应光洁无毛刺,不宜有倒角和圆角;

(4)开孔深度不能太小,一般建议孔深 h 与孔径 d 的比值在 3~10 范围内选择。

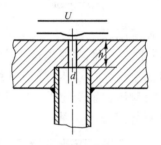

图 2.2　壁面静压孔

2. 运动流体中静压和静压分布的测量

对于这种情况,可以利用具有一定形状、尺寸较小的特制静压探头或探针,将其插入流体中,从而进行流体静压的测量。图 2.3 所示的 L 形静压探针是一端封闭的 L 形弯管。端部做成半球形,在离端部一定距离的管壁上,沿圆周等间距开 2~7 个小孔,小孔的轴线与管子轴线垂直。小孔距端部及杆部的距离对所测静压值有很大影响,因为静压孔所感受到的静压同时要受到探针头部和后面杆部两方面的影响。经试验验证,探针头部和支杆对测压孔测量压力的影响是相反的,由头部影响产生的误差总是负的,而由支杆的影响产生的误差总是正的。利用这一点就可以合理布置静压测量孔的位置。对于 L 形静压探针,最佳几何关系是:由前缘到静压孔轴线的距离不小于 3~4 倍探针外径,由静压孔轴线到支杆轴线的距离不小于 8~10 倍探针外径,静压孔直径为探针外径的 1/10~3/10。这种探针对气流方向变化的不敏感角在 50°~60°左右。

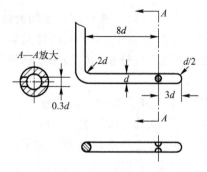

图 2.3　L形静压探针

对于可压流,空气的比热比 $\gamma=1.4$。当 $Ma^2<5$ 时,则

$$p_0-p=\frac{1}{2}\rho v^2\left(1+\frac{1}{4}Ma^2+\frac{1}{40}Ma^4+\frac{1}{1600}Ma^6\right) \tag{2.1}$$

当马赫数很小时,式(2.1)简化为

$$p_0-p=\frac{1}{2}\rho v^2 \tag{2.2}$$

式中: p_0 为气流总压; p 为气流静压。

　　式(2.2)也就是伯努利方程。因此,只要测得气流的总压和静压,就可得到气流动压。为了测量总、静压差,可以将总压、静压管组合为复合探头进行测量(图2.4)。在总、静压测量中,测压孔感受的压力通过管路接入压力测量仪器,进行显示并转换为电信号输入计算机进行处理。

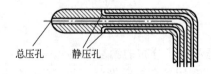

总压孔　　静压孔

图 2.4　总、静压复合探头

2.1.2　试验段动压测量方法

1. 动压修正系数测量方法

　　一般采用压强落差法测量风洞试验段的动压,即通过测量稳定段下游或收缩段入口的静压 p_1 和收缩段出口或试验段入口静压 p_2 来确定。两截面处的伯努利方程为

$$p_1+q_1=p_2+q_2+k_1q_2 \tag{2.3}$$

式中: k_1q_2 为气流从收缩段入口截面到出口截面的总压损失; q_1、q_2 分别为两个截面处的动压。根据不可压流连续方程

18

$$A_1 v_1 = A_2 v_2 \tag{2.4}$$

则

$$q_1 = \left(\frac{A_2}{A_1}\right)^2 q_2 = k_2 q_2 \tag{2.5}$$

将式(2.5)代入式(2.3)可得

$$p_1 - p_2 = (1 + k_1 + k_2) q_2 \tag{2.6}$$

同理,可在收缩段出口和试验段任意截面(A_3)之间采用连续方程,得到

$$q_2 = \left(\frac{A_3}{A_2}\right)^2 q_3 = k_3 q_3 \tag{2.7}$$

由此可得

$$p_1 - p_2 = (1 + k_1 + k_2) k_3 q_3 \tag{2.8}$$

定义试验段参考点动压修正系数(落差系数)ζ 为

$$\zeta = \frac{1}{(1 + k_1 + k_2) k_3} = \frac{q_3}{p_1 - p_2} \tag{2.9}$$

ζ 值必须通过试验校测得到。在试验段中心安装经过校正的标准风速管,测量试验段动压 q_3;另一台压力计测量 $p_1 - p_2$。在不同的动压下运转风洞,分别测量 q_3 和 $p_1 - p_2$,然后由式(2.9)计算相应的 ζ 值。

通常需要在风洞动压范围内取一系列动压进行校测。每一动压都要作重复性试验,最后取平均值,并给出其均方根误差。参考点的位置也会对修正系数造成误差,可以在同一个截面上取多个点进行测量,使用平均值来消除流场不均匀性的影响。

2. 动压稳定性测量方法

由气流动压稳定性系数的定义可知,在试验段中心安装一根标准风速管,在风洞的可用动压范围内对一系列动压进行测量,即可得到动压稳定性。每个动压稳定后,连续采集 1min,从中取得动压的最大值 q_{max} 和最小值 q_{min},按下式计算即可。采样点数不少于 120 点。

$$\eta = \frac{q_{max} - q_{min}}{q_{max} + q_{min}} \tag{2.10}$$

3. 动压场测量方法

可以采用一根风速管逐点测量,更好的方法是采用多根风速管组成一根排管进行逐线测量。动压场的测量截面应不少于 5 个,其中模型区内不少于 3 个。截面上测量点的间距不大于 $\sqrt{A}/15$,A 为试验段截面积。测量点的覆盖范围应超出模型区。对通过模型区中心的截面,要在常用动压、最大动压的 80% 与 30% 三个动压下进行校测。

2.1.3 气流方向测量方法

将校正好的流向探头安装在待测点上,测出该点上下或左右测孔的压差,得到气流相对于探头轴线的夹角,再扣除探头的安装角即可。实际测量中,将多根既可测方向又可测动压的组合探头组成排管,用排管进行测量,或者采用坐标架方法进行测量,即将一个流向探头安装在坐标架上,测试时通过移动坐标架可测得同一风速下不同点的方向。测点的布置和测量截面的安排与动压场测量相同。

所谓的流向探头是半球头直圆柱管探头。半球头前部表面平均分布有 4 个静压孔。每个孔的中心线与探头管中心线的夹角为 45°。当气流与探头管的中心线平行时,对称位置的两个孔的压力相等。假设 P_1、P_3 为对称位置两个测压孔的压力,则

$$C_p = \frac{p_1 - p_3}{q} = \frac{\Delta p_\alpha}{q} \tag{2.11}$$

如果有气流偏角,则 C_p 是气流偏角 α 的函数。可以通过校正得到 C_p-α 关系,根据函数关系即可得到待测点的气流偏角。

测量流向还可以使用钳形探头、七孔探头等。通常在半球头直圆柱方向探头的前端开一个总压孔,在杆身离距前端 5 倍管径处均匀分布 8 个静压孔,组成既可测方向又可测动压的组合探头。

2.1.4 轴向静压梯度测量方法

轴向静压梯度通过测量沿风洞试验段轴线的静压分布 $C_p = f(x)$ 得到。静压分布可以采用静压管测量。可以使用轴向游测架提高测量效率,游测架应可自动移动和精确定位。

假设轴向坐标为 x,轴向静压系数由下式计算:

$$C_p = \frac{P - P_\infty}{q_\infty} = f(x) \tag{2.12}$$

测量得到的压力分布式离散点数据,可使用作图法求得 C_p-x 曲线斜率或按照下式求出试验段或其中一段的轴向静压梯度。

$$\frac{dC_p}{dx} = \frac{m \sum_{i=1}^{m} x_i C_{pi} - \sum_{i=1}^{m} C_{pi} \sum_{i=1}^{m} x_i}{m \sum_{i=1}^{m} x_i^2 - \left(\sum_{i=1}^{m} x_i \right)^2} \tag{2.13}$$

式中:x_i 为第 i 测点距试验段入口的距离(m);C_{pi} 为第 i 测点压力系数;m 为测量点总数。

2.1.5　气流湍流度测量方法

可以使用湍流球(也称紊流球)测量湍流度,但试验比较麻烦,而且精度不高。目前更常用的的方法是用热线风速仪测量湍流度。把恒温式热线风速仪放入流场,使热线轴与气流平均速度垂直,分别测出风速为 0 时的电桥电压 E_0、风速不为 0 时的电桥电压 E 及脉动电压的均方根 E_{Rms},按照下式计算该风速下的气流湍流度:

$$\varepsilon(\%) = 100 \times \frac{2E \cdot E_{Rms}}{n(E^2 - E_0^2)} \tag{2.14}$$

式中:n 为热线校准系数。

2.2　航天工程大学低湍流度风洞流场校测

2.2.1　调速性能校测

使用落差系统、皮托管系统及两套斜管对全范围的风速进行测量,按相应的数据处理方法对风速数据进行处理,得到全部风速范围内的风速系数变化规律。

绘制"风速-风速系数"分布图,并对测量结果进行分段拟合,所得函数图像在任一点上(包括线性范围与非线性范围交界处)连续且光滑。当 $V_t \leqslant 8m/s$ 时,风速系数 μ 为二次抛物线;而当 $V_t > 8m/s$ 时,函数退化为一条直线。全范围内的"风速-风速系数"测量数据及拟合曲线如图 2.5 所示。

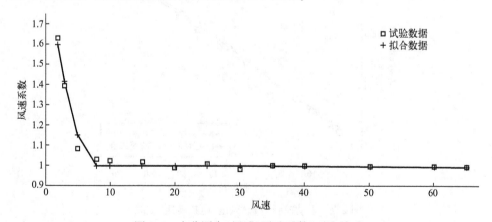

图 2.5　全范围内"风速-风速系数"对应关系

全范围内的"风速–风速系数"拟合公式如下：

$$\mu = \begin{cases} 0.99907 - 0.0000442V_t & ,V_t \geqslant 8 \\ 0.99907 - 0.0000442V_t + 0.0165 \cdot (V_t - 8)^2 & ,V_t < 8 \end{cases} \quad (2.15)$$

使用控制柜控制以及计算机控制等多种方法进行了风速条件试验,测得的"风速–电机转速"和"风速–电机消耗功率"的关系如图2.6~图2.8所示。结果显示风洞风速调节性能良好。

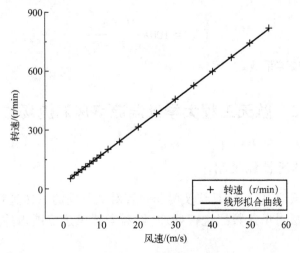

图 2.6　计算机控制下的"风速–电机转速"曲线

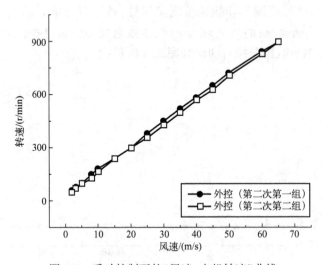

图 2.7　手动控制下的"风速–电机转速"曲线

22

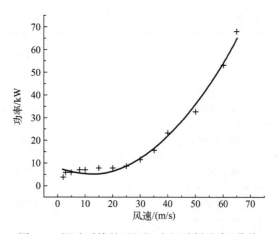

图 2.8　调速系统的"风速-电机消耗功率"曲线

2.2.2　试验段气流稳定性校测

使用皮托管作为感受器件,利用斜管和 DSY-104 电子扫描压力测量系统对不同风速下的动压稳定性进行测量。常用风速 30m/s 情况下的动压稳定性系数按不同的处理方法(国军标方法和教科书方法)分别计算为 $\eta = 0.0018$ 和 $\eta = 0.00244$,前者达到国军标先进指标要求,后者达到国军标合格指标要求,并接近先进水平,说明风洞具有优良的气流稳定性。

2.2.3　试验段轴向静压梯度校测

试验段沿轴线布置了 18 个静压孔测点,以距试验段起始位置最近的 1 号点为参考点($P_c = P_1$)。各测点距离试验段入口距离分别为 73mm、218mm、430mm、628mm、838mm、1162mm、1350mm、1648mm、1838mm、2186mm、2398mm、2596mm、2806mm、3158mm、3370mm、3567mm、3778mm、3930mm。

使用 DSY-104 电子扫描压力测量系统对风洞试验段前侧壁各轴向测压点进行测量,在 10m/s、30m/s、40m/s、50m/s 等多个典型风速下测量轴向静压分布,计算并分析得出最佳静压梯度的风速范围。测量结果见表 2.1。由试验结果可知最佳的静压梯度对应的风速为 35 ~ 40m/s,最佳的 $\mathrm{d}C_p/\mathrm{d}x$ 为 0.0004 ~ 0.002/m。

全模型区长度 L 范围的静压梯度 $L\left|\dfrac{\mathrm{d}C_p}{\mathrm{d}x}\right|$,除了在风速为 10m/s 时较大之外,其余风速下均小于 0.007,最佳值在 0.0015 量级,因此在测阻试验中可以不进行与边界层等有关的型阻修正。

表 2.1　不同风速下的单位长度静压梯度

风速/(m/s)	dC_p/dx	$L\left\|\dfrac{dC_p}{dx}\right\|$
10	−0.0046854	0.016263
25	−0.0013765	0.004778
30	−0.0009241	0.003208
35	−0.000596	0.002069
38	−0.0004315	0.001498
40	0.0019844	0.006888
50	0.0000542	0.000188

2.2.4　动压场均匀性校测

取来流常用风速大约 37m/s 所对应的动压值 0.882kPa,通过用手控斜管系统及计算机风控系统控制来流动压使之保持恒定,测量试验段气流的动压分布,计算动压场系数。此外还进行了来流在最大和最小动压情况下模型区中心区域各测点的动压场系数的测量。

动压场测量共取三个截面,探头位置距试验段进口的轴向距离分别为870mm、1870mm、2870mm,测点范围为高度方向 800mm,宽度方向 640mm,均占试验段横截面的 80%。测点间距为高度方向 100mm,宽度方向 50mm,中轴线上必须布点,其余各测点沿中轴线左右对称分布。使用标准皮托管进行单点移测,测得各点的动压场系数值。考虑到皮托管支承横杆对试验段流场会产生干扰,故对试验数据还进行了支杆干扰修正。

三个测量截面单独考虑时,所测各点动压场系数小于 0.002 的点占各截面总测点数的比例分别为 48%、58%、55%,达到国军标先进指标要求,其余测点达到合格指标要求,即动压场系数不大于 0.005。三个测量截面综合考虑后动压场系数小于 0.002 的测点数占总测点数的 52%,达到国军标先进指标要求,其余测点达到合格指标要求。结果表明,风洞动压场均匀性指标符合国军标指标要求,具有良好的动压均匀性。

2.2.5 方向场校测

使用经过校准的六孔方向动压组合探头、三支U形管，DSY-104电子扫描压力测量系统对方向场进行测试。

取三个测量截面，探头前端距试验段进口的轴向距离（即坐标架横杆夹持位置与探头长度290mm之差）分别为860mm、1595mm、2595mm。测点范围为高度方向800mm，宽度方向640mm，测点间距为高度方向为100mm，宽度方向为50mm，且中轴线上必须布点，其余各测点沿中轴线左右对称。取来流常用风速为30m/s，风速保持恒定的情况下，利用大坐标架进行横向单点移测，测量各点的局部气流偏角值。此外还进行了较小风速（20m/s）和较大风速（40m/s）情况下中轴线上各测点的局部气流偏角的测量。

测试结果表明：所测三个截面各测点的局部气流偏角值均符合国军标合格指标要求，$|\Delta\alpha|$的总范围为$0.0002° \leqslant |\Delta\alpha| \leqslant 0.4897°$，$|\Delta\beta|$的总范围为$0.09° \leqslant |\Delta\beta| \leqslant 0.4453°$。其中$|\Delta\alpha| \leqslant 0.1°$的测点数占总测点数的70.4%，$|\Delta\beta| \leqslant 0.1°$的测点数占总测点数13.8%。

从统计数据可以看出，风洞的气流流向性能符合国军标合格指标要求，铅垂方向偏角性能更加优良，而水平方向偏角稍大，但总体来说该风洞的气流流向性能属良好偏优。

2.2.6 侧壁边界层校测

在试验段的后侧壁中轴线上，沿来流方向取15个横截面进行了常用风速下的边界层测量，测点距试验段入口分别为196mm、446mm、697mm、914mm、1141mm、1416mm、1701mm、1915mm、2166mm、2415mm、2665mm、2915mm、3137mm、3386mm、3636mm。使用边界层总压耙感受边界层内各点的总压，耙前端对应位置上的壁面静压作为参考静压，根据总静压差计算边界层内的速度分布。使用DSY-104电子扫描压力测量系统进行压强测量，并对总压耙进行现场校正。

模型中心区边界层速度型随来流速度的变化如图2.9所示。

全试验段边界层的详细速度分布及厚度沿流向的变化如图2.10~图2.15所示。

测试结果表明，试验段边界层分布的规律性较好。从边界层厚度分布情况来看，模型中心区的大部分区域（不小于90%）不受边界层的影响，在试验段出口处不受边界层影响的范围也达到了87%，利于试验的进行。

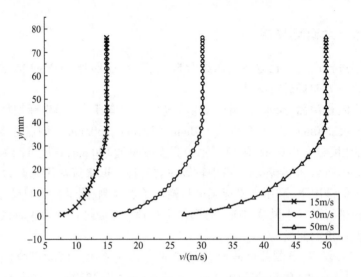

图 2.9　模型中心区(轴向位置 1141mm)在不同风速下的速度型

2.2.7　低(变)湍流度测试

在模型区典型位置上用 30m/s 风速测出湍流度量级,并变化风速(5~65m/s)测湍流度,绘制 ε-V_t 曲线。

在三个迎风截面及四个以上的水平横向中轴线进行多点密布横穿细测,并沿中轴线做多点补充细测。绘制出每个横穿的湍流度分布图、三个截面的湍流度分布图以及整个试验段的过轴线水平面和垂直面湍流度分布图。

测量的横截面高度方向 800mm(80%);宽度方向不小于 640mm(80%),在上游及下游多个横穿处宽度达 92.5%;测量总长度(57~3479mm)占试验段总长 4000mm 的 86%。测点间距:高度方向 100mm,宽度方向 50mm,上下与左右各为对称。

湍流度包含三个方向的分量,如果对于大量的测量点全部同时测量其三个分量,其代价非常昂贵而难以负担(工作量大,热线探头损坏的风险大)。为确定合理的试验方案,保证测量结果的精确度而不致于过多地增加工作量,在试验之初使用 X 探头进行了湍流度各向分量测量,并改变其采样频率加以比较,其结果见表 2.2。从测量结果来看,风洞试验段中湍流流场具有很好的各向同性,所以可以采用标准单丝探头 55P51 进行轴向脉动速度分量的湍流度的测量,来获取风洞试验段流场的湍流度总量。另外,采样频率的改变对测量结果基本上没有影响,因此,湍流场测量的采样频率固定在 2kHz。

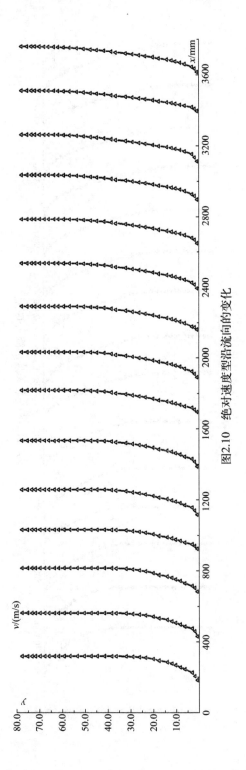

图2.10 绝对速度型沿流向的变化

27

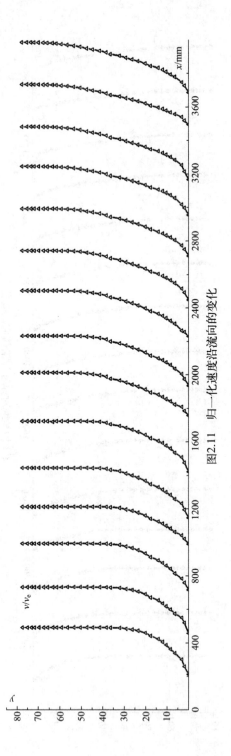

图2.11 归一化速度沿流向的变化

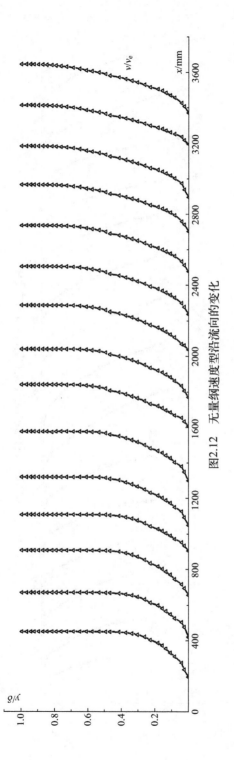

图2.12 无量纲速度型沿流向的变化

29

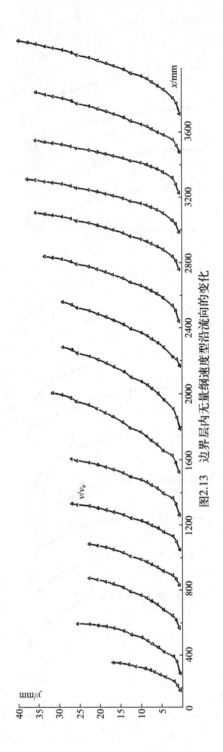

图2.13 边界层内无量纲速度型沿流向的变化

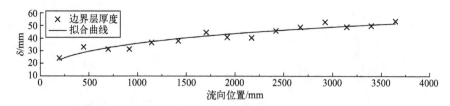

图 2.14 边界层名义厚度沿流向的变化

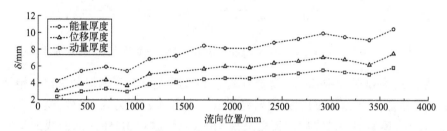

图 2.15 位移厚度与动量厚度沿流向的变化

表 2.2 采用 X 探头变采样频率得出的三个方向湍流度

采样频率/kHz	1	2	5	10
ε_x/%	0.009	0.01	0.009	0.009
ε_y/%	0.01	0.01	0.01	0.01
ε_z/%	0.01	0.01	0.01	0.01

图 2.16 是模型中心区典型的横穿测量结果,结果显示模型中心区的湍流度极低。图 2.17 是试验段模型中心区(取特征点 $x=1005\text{mm}$,$y=0\text{mm}$,$z=0\text{mm}$)湍流度 ε 随风速 V_t 变化的曲线。结果显示,风速较低(小于 5m/s)时,湍流度较高,达到 0.027%,随着速度的提高,湍流度降低,在常用风速 30m/s 附近,湍流度达到最低点 0.013%,随着速度的增加缓慢增加,但大致走势比较平缓,流速 50m/s 时,湍流度增加到最大 0.016%,此后随着速度的增加又略有降低,大致趋向拉平。

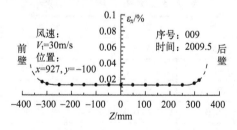

图 2.16 采样频率 2kHz,$V_t=30\text{m/s}$ 时,$x=927\text{mm}$,
$y=-100\text{mm}$ 横穿的湍流度分布

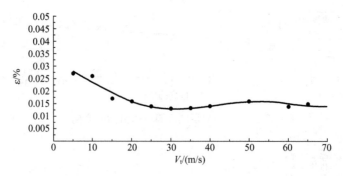

图 2.17　试验段 $x=1005\text{mm}$, $y=0\text{mm}$, $z=0\text{mm}$ 点湍流度随风速的变化曲线

图 2.18 是试验段中轴线上湍流度的分布,结果显示从试验段的进口开始越往下游湍流度越大,但流场的湍流度始终很低。入口处 ε 仅为 0.013%,模型中心区 $\varepsilon=0.014\%$,模型中心区之后湍流度有所增大(ε 约达 0.015%),从曲线的延伸趋势来看,在试验段的出口处湍流度仍小于 0.03%。

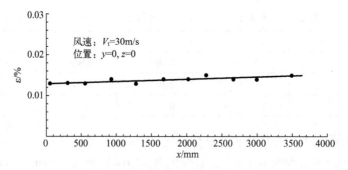

图 2.18　风洞轴线湍流度的变化

在试验段上游换装不同规格的变湍流度格栅,改变试验段湍流度,表 2.3 为 30m/s 风速下,换用不同变湍流度格栅后的湍流度测量结果。

表 2.3　变湍流度测试结果

格栅序号	空试验段	1#	2#	3#	4#	5#	6#
d/mm	—	0.5~0.6	0.9~1	5	5	5	宽 20
M/mm	—	5~7	9~11	60	30	10	40
M/d	—	10~11.7	10~11	12	6	2	2
$\varepsilon/\%$	0.013	0.033	0.037~0.04	0.115~0.118	0.117	0.273	0.616
注:1. d 为格栅金属丝(管、棒)的外径,或孔条板上的宽度; 　　2. M 为各格栅孔形(正方形)的边长,或孔条板上每个孔条板中线之间的距离							

采用 3#变湍流度格栅,在位置($x = 1277$,$y = 0$),风速为 30m/s 下进行了横穿细测。测量结果(图 2.19)表明:增湍网之后试验段流场模型所在区域的较高湍流度的横截面内分布情况大致均匀、对称,便于做各类变湍研究。

航天工程大学低湍流度风洞试验段大部分区域,特别是模型区附近,流动的湍流度都低于 0.02%。模型前方宽度近 40% 的较窄区域甚至低于 0.015%,低达 0.013%;模型位置处 ε 为 0.015% 的区域宽度为 75%,而 ε 为 0.02% 的区域宽度达 82.8%,并可较宽地实现变湍流度,这是充分全面地采取降低湍流度措施和仔细测量的结果。总的分布趋势是流场的中心区湍流度较低,越接近边壁湍流度越高;试验段的上游部分湍流度较低,随着流向的发展流动的湍流度增加。

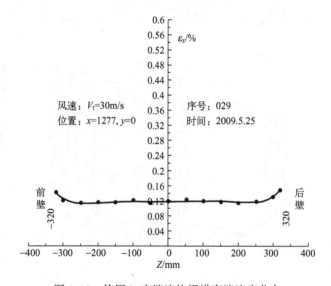

图 2.19　使用 3#变湍流格栅横穿湍流度分布

图 2.20(a)、(b)和(c)分别为 $x = 927$mm 截面(模型中心区前方)、$x = 1667$mm 截面(模型中心区后方)和 $x = 2667$mm 截面上湍流度的分布。图 2.21 为湍流度在风洞竖直方向截面的分布,图 2.22 为湍流度在风洞水平方向的分布。从图示情况来看,在试验段中心区湍流度较低,不高于 0.015%,靠近壁面处湍流度有所增高,不高于 0.02%,这主要是靠近壁面处的流动受到边界层影响;同时,低湍流度区域沿着流向逐渐收缩。在靠近后壁处湍流度增加比前壁较大,可能是受到探头支杆伸出过长产生的振动所造成的测量干扰。

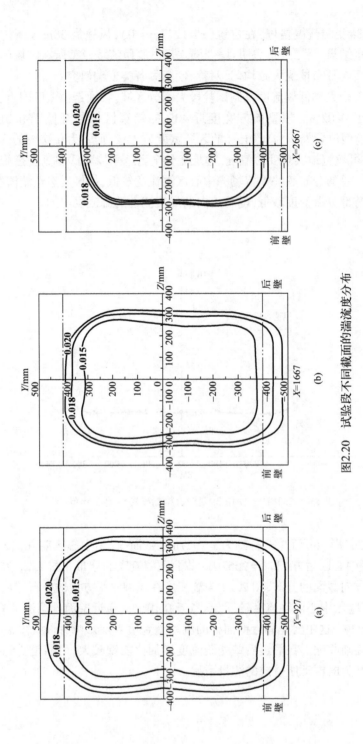

图2.20 试验段不同截面的湍流度分布

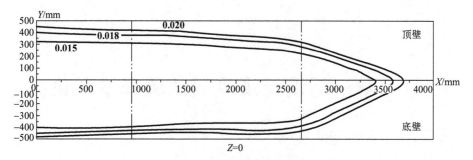

图 2.21　试验段竖直方向截面的低值湍流度区域分布

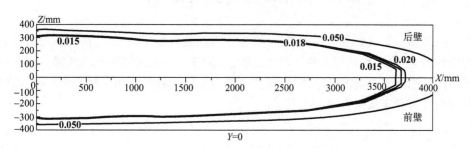

图 2.22　试验段水平方向截面的低值湍流度区域分布

第三章 低湍流度风洞试验基本理论

3.1 相似理论与典型相似准则

空气动力学试验主要有两类:一类是工程性的模型试验,目的在于预测工程中的流动情况;另一类是探索性的观察试验,目的在于寻找未知的流动规律。科学的试验方法来源于正确的理论指导,而空气动力学试验必然以相似理论作基础,以相似准则作为确定试验方法的出发点。

3.1.1 相似

1. 单值条件

能够把某一个别的物理现象从该类物理现象中区分开来,必须具有相应的基本条件,这些基本条件称为单值条件。单值条件有以下几类:

(1) 物性条件:物体的状态和性质,如空气的粘性系数 μ、热导率 λ 等。

(2) 几何条件:发生现象的空间几何形状和大小。

(3) 时间条件:现象的初始条件,现象的定常性、非定常性。

(4) 边界条件:同周围介质相互作用的条件,即边界的流动情况和边界的性质等。

2. 单值条件相似

现以几何相似来进行说明。几何相似是人们所熟悉的相似现象,如相似三角形、地图、沙盘等。它们的共同特点是,其单值条件——长度成比例。对相似三角形来说,其对应边长度成比例,若 l_1、l_2、l_3 和 l_1'、l_2'、l_3' 为两个相似三角形(图 3.1)对应边的长度,则

$$\frac{l_1}{l_1'} = \frac{l_2}{l_2'} = \frac{l_3}{l_3'}$$

由此可知,单值条件成比例,即保持固定的比例关系,是以上现象相似的重要条件。单值条件成比例称为单值条件相似。

研究物理现象相似,虽然要比几何相似复杂,但都是几何相似概念的扩充和发展。

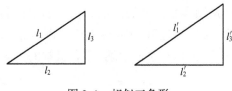

图 3.1　相似三角形

3. 两个物理现象相似

两个同一类物理现象,如果在对应点上对应瞬时所有表征该现象的相应物理量都保持各自固定的比例关系(如果是向量还包括方向相同),则两个物理现象相似。

4. 两个流场相似

两个流场的对应点上对应瞬时所有表征流动状况的相应物理量都保持各自固定的比例关系(如果是向量,还包括方向相同),则两个流场相似。

3.1.2　量纲

1. 物理量

物理量简称量,是可以定性区别并能定量确定的现象或物体的属性。

2. 基本量与导出量

力学中绝大多数量都存在着内在的联系,由各种物理定律将它们联系在一起,只要适当地选定出三个量之后,就可以根据描述各量之间关系的物理定律将其他量导出,所选定的这三个物理量称为基本物理量或基本量,或者说基本量是人为选定的彼此独立的可作为其他量基础的一组量的名称。其他的物理量称为导出物理量或导出量。国际单位制采用的量制中的力学基本量是:长度、质量和时间。涉及热效应时再增加一个基本量——热力学温度。

3. 基本单位与导出单位

在一定的单位制中,对最初选定的基本量规定出它们的测量单位,称为基本单位。导出量的测量单位称为导出单位。国际单位制中与力学有关的基本单位有长度单位 m、质量单位 kg、时间单位 s、热力学温度单位 K。

4. 量纲

被测物理量的种类称为该物理量的量纲。同一种类的量,具有相同的量纲。例如,某一长度为 500m,另一长度为 5cm,它们的数量和单位虽不相同,但它们都属于同一种量——长度。量纲只涉及量的种类,没有大小程度的概念。

5. 基本量纲与导出量纲

在一定的量制中,量纲又分为基本量纲和导出量纲,与基本单位和导出单位相

37

对应。基本量纲就是该量制中基本量的量纲。在国际单位制采用的量制中,力学的三个基本量纲是长度、质量和时间,涉及热效应时再增加一个热力学温度。它们的量纲符号分别为 L、M、T 和 Θ。导出量纲,即导出量的量纲,可通过物理定律用基本量纲表示出来。

6. 量纲式和量纲指数

任一物理量的量纲可写成基本量纲的幂的乘积表达式:

$$\dim q = L^{\lambda_1} M^{\lambda_2} T^{\lambda_3} H^{\lambda_4} \tag{3.1}$$

式中:q 为任一物理量,前面加上 dim,表示是这个量的量纲;λ_1、λ_2、λ_3、λ_4 为量纲指数。

式(3.1)称为量纲式或量纲积。

需要指出以下几点:

(1) 量纲式中没有加减运算。

(2) 导出量的量纲可由基本量纲借助物理定律导出。

(3) 同类量具有相同的量纲,但不同类的量有的也具有相同的量纲,即量纲相同的量不一定是同类量。

7. 有量纲量和无量纲量

一个量的量纲式中,只要有一个量纲指数不为零,则该量为有量纲量。若所有量纲指数都为零,则该量为无量纲量。无量纲量可以是两个同类量的比值,也可以是由几个有量纲量通过一定的乘除组合而成。无量纲量不同于纯数字,它仍有物理量的特征和品质。有量纲量随所选用的单位制不同而改变其数值(即与测量单位的比值),而无量纲量则不会随选用的单位制不同而改变其数值。

8. 物理方程的量纲一致性原理

在正确反映客观规律的物理方程中,因为只有同类的量才存在相加减的问题,所以各项的量纲应该是一致的,这就是物理方程的量纲一致性原理。物理方程中各项的量纲一致,与各个物理量所统一选用的单位制无关。根据物理方程的量纲一致原理还可以来校核物理方程和经验公式的正确性和完整性。量纲不一致的物理方程和经验公式是有错误的或是不完整的。

9. 量纲矩阵和基本物理量的判别

设有一组物理量 $q_1, q_2, \cdots, q_k, q_{k+1}, \cdots q_n$,$(k \leqslant n)$ 这些物理量中包括了 k 个基本量纲:$G_1, G_2, \cdots, G_k$,则任一物理量 $q_m (m = 1, 2, \cdots, n)$ 的量纲可写为

$$\dim q_m = G_1^{C_{1m}} G_2^{C_{2m}} \cdots G_k^{C_{km}} \tag{3.2}$$

即

38

$$\begin{cases} \dim q_1 = G_1^{C_{11}} G_2^{C_{21}} \cdots G_k^{C_{k1}} \\ \dim q_2 = G_1^{C_{12}} G_2^{C_{22}} \cdots G_k^{C_{k2}} \\ \qquad\qquad \vdots \\ \dim q_n = G_1^{C_{1n}} G_2^{C_{2n}} \cdots G_k^{C_{kn}} \end{cases} \qquad (3.3)$$

通常把上列量纲公式中的量纲指数排列成如下形式：

$$\begin{array}{c|cccc} & q_1 & q_2 & \cdots & q_n \\ \hline G_1 & \lambda_{11} & \lambda_{12} & \cdots & \lambda_{1n} \\ G_2 & \lambda_{21} & \lambda_{22} & \cdots & \lambda_{2n} \\ \vdots & \vdots & \vdots & & \vdots \\ G_k & \lambda_{k1} & \lambda_{k2} & \cdots & \lambda_{kn} \end{array} \qquad (3.4)$$

这种排列形式称为量纲矩阵。

基本物理量的选取不是唯一的。除了国际单位制中选定的基本物理量外,还可以有很多种选择。只要这组量能同时满足下面两个条件：

首先,在所研究的物理现象中如果有 $q_1, q_2, \cdots, q_k, q_{k+1}, \cdots q_n, (k \leqslant n)$ 这 n 个物理量,其中任何一个物理量 $q_m (m = 1, 2, \cdots, n)$ 的量纲都可以由所选的基本物理量的幂的乘积表示：

$$\dim q_m = \dim(q_1^{\lambda_{1m}} q_2^{\lambda_{2m}} \cdots q_k^{\lambda_{km}}) \qquad (3.5)$$

式中：$m = 1, 2, \cdots, n; q_1, q_2, \cdots, q_k$ 为所选的 k 的基本量。

其次,所选的基本物理量中的任何一个基本物理量不可能由其余的基本物理量的幂的乘积表示。也就是说,不可能由所选的基本物理量自身组合成一个无量纲量。即不可能存在下式：

$$\dim(q_1^{\beta_1} q_2^{\beta_2} \cdots q_k^{\beta_k}) = G_1^0 G_2^0 \cdots G_k^0 \qquad (3.6)$$

式中,$q_1, q_2, \cdots, q_k (\beta_1, \beta_2 \cdots \beta_k \neq 0)$ 为所选的基本量；$G_1, G_2, \cdots, G_k$ 为 $q_1, q_2, \cdots, q_k$ 中存在的国际单位制中选取的基本量纲。

根据上述的基本物理量应同时满足的两个条件,可导出判别基本物理量的具体方法。

将式(3.2)代入式(3.5),按相同量纲归并指数后得到下式：

$$\begin{cases} C_{11}\lambda_{1m} + C_{12}\lambda_{2m} + \cdots + C_{1k}\lambda_{km} = C_{1m} \\ C_{21}\lambda_{1m} + C_{22}\lambda_{2m} + \cdots + C_{2k}\lambda_{km} = C_{2m} \\ \qquad\qquad\qquad \vdots \\ C_{k1}\lambda_{1m} + C_{k2}\lambda_{2m} + \cdots + C_{kk}\lambda_{km} = C_{km} \end{cases} \qquad (3.7)$$

式中：$\lambda_{1m}, \lambda_{2m}, \cdots, \lambda_{km}$ 有解的充分必要条件为

$$\begin{vmatrix} C_{11} & C_{12} & \cdots & C_{1k} \\ C_{21} & C_{22} & \cdots & C_{2k} \\ \vdots & \vdots & & \vdots \\ C_{k1} & C_{k2} & \cdots & C_{kk} \end{vmatrix} \neq 0 \tag{3.8}$$

将式(3.3)代入式(3.6)，按相同量纲归并指数得

$$\begin{cases} C_{11}\beta_1 + C_{12}\beta_2 + \cdots + C_{1k}\beta_k = 0 \\ C_{21}\beta_1 + C_{22}\beta_2 + \cdots + C_{2k}\beta_k = 0 \\ \qquad\qquad\qquad \vdots \\ C_{k1}\phi_1 + C_{k2}\beta_2 + \cdots + C_{kk}\beta_k = 0 \end{cases} \tag{3.9}$$

若要 $\beta_1, \beta_2, \cdots, \beta_k$ 只有零解，则必须式(3.8)成立。

由此可知"量纲矩阵中对应的子行列式的值不为零"是选取基本物理量的充分必要条件。顺便指出，一组量中有几个基本量纲就有几个基本量。在一组物理量中符合基本量条件的量可能不止一组。在流体力学中，通常选取流体密度，流速和物体的特征长度作为基本物理量。

例：有一组物理量 ρ、v、l 和 μ，试判断 ρ、v、l 可否作为基本物理量。

解：已知 $\begin{cases} \dim\rho = L^{-3}M \\ \dim v = LT^{-1} \\ \dim l = L \\ \dim\mu = L^{-1}MT^{-1} \end{cases}$

列出量纲矩阵

	ρ	v	l	μ
L	−3	1	1	−1
M	1	0	0	1
T	0	−1	0	−1

由于 ρ、v、l 对应的子行列式的值不等于零，即

$$\begin{vmatrix} -3 & 1 & 1 \\ 1 & 0 & 0 \\ 0 & -1 & 0 \end{vmatrix} \neq 0$$

由此可判定 ρ、v、l 可作为这群物理量的基本物理量。

40

3.1.3 相似理论

在试验中,经常采用模型试验的方法。一般情况下,模型总比实物小得多,试验条件和实物运动的条件也不完全相同。因此就会产生两个问题:

（1）如何设计模型以及保证模型试验的条件,才能有效地比拟实物的实际情况。

（2）由模型测得的数据怎样换算回实物中。

相似理论就为这些问题的解决提供了理论依据。该理论指出,若要实物流动与模型流动可以比拟,它们必须是力学相似,并且还得使两个流动的边界条件和初始条件相似。

若要两个流动力学相似,它们必须满足几何相似、运动相似和动力相似三个条件,为了方便,规定用下标 t 表示实物参数,用下标 m 表示模型参数。

1. 几何相似

即实物流动与模型流动有相似的边界外形,一切对应的线性尺寸成比例。设流场中有几何尺寸 l,则两流动几何相似时,应满足

$$\frac{l_t}{l_m} = \delta_l = 常数 \tag{3.10}$$

式中:δ_l 为线性比例尺。

面积比例尺和体积比例尺分别为

$$\delta_A = \frac{A_t}{A_m} = \frac{l_t^2}{l_m^2} = \delta_l^2 = 常数 \tag{3.11}$$

$$\delta_\tau = \frac{\tau_t}{\tau_m} = \frac{l_t^3}{l_m^3} = \delta_l^3 = 常数 \tag{3.12}$$

2. 运动相似

即实物流动与模型流动的流线应该几何相似,而且对应点上的速度矢量是互相平行的,大小互成比例。因此速度比例尺为

$$\delta_v = \frac{v_t}{v_m} = 常数 \tag{3.13}$$

在运动相似时,实际上还包含两流动中对应的过程所用的时间间隔成同一比例,即时间比例尺为

$$\delta_t = \frac{t_t}{t_m} = 常数 \tag{3.14}$$

于是得到速度比例尺与线性比例尺、时间比例尺的关系式为

$$\delta_v = \frac{v_t}{v_m} = \frac{l_t t_t}{l_m t_m} = \frac{\delta_l}{\delta_t} \tag{3.15}$$

加速度比例尺为

$$\delta_a = \frac{a_t}{a_m} = \frac{v_t t_t}{v_m t_m} = \frac{\delta_v}{\delta_t} = \frac{\delta_l}{\delta_t^2} \tag{3.16}$$

流量比例尺为

$$\delta_Q = \frac{Q_t}{Q_m} = \frac{l_t^3 t_t}{l_m^3 t_m} = \frac{\delta_l^3}{\delta_t} \tag{3.17}$$

角速度比例尺为

$$\delta_\Omega = \frac{\Omega_t}{\Omega_m} = \frac{v_t l_t}{v_m l_m} = \frac{\delta_v}{\delta_l} = \frac{1}{\delta_t} \tag{3.18}$$

由这些公式可以看出,只要确定了 δ_l 和 δ_t,则一切运动学比例尺都可以确定。

3. 动力相似

即实物流动与模型流动中对应点作用着同样性质的外力,并且互相平行,大小成比例。力的比例尺为

$$\delta_F = \frac{F_t}{F_m} = 常数 \tag{3.19}$$

由牛顿第二定律可知 $F = ma = \rho \tau a$,则

$$\delta_F = \frac{F_t}{F_m} = \frac{\rho_t \tau_t a_t}{\rho_m \tau_m a_m} = \delta_\rho \delta_l^3 \frac{\delta_l}{\delta_l^3} = \delta_\rho \delta_l^2 \delta_v^2 \tag{3.20}$$

式(3.19)可写成

$$\frac{F_t}{\rho_t l_t^2 v_t^2} = \frac{F_m}{\rho_m l_m^2 v_m^2} \tag{3.21}$$

显然, $\dfrac{F}{\rho l^2 v_2}$ 为量纲为 1 的数,称为牛顿数,用 Ne 表示,即

$$Ne = \frac{F}{\rho l^2 v^2} \tag{3.22}$$

于是式(3.22)成为

$$(Ne)_t = (Ne)_m \tag{3.23}$$

这就是说,两个动力相似的流动其牛顿数必相等;反之,如果两个流动的牛顿数相等,那么它们之间是动力相似的,这就是牛顿相似定律。

3.1.4 典型相似准则

模型流动与实物流动如果力学相似,则必然存在许多比例尺,但是不可能用一一检查比例尺的方法来判断两个流动是否力学相似,而要采用相似准则来判断。

42

在风洞试验中,常用的物理量有空气密度 ρ、速度 v、粘性系数 μ、压力 p 等。在流场中一般作用着压力 F_p、粘性力 F_μ、重力 F_g 及弹性力 F_k,这些力所引起的流体质点的惯性力为 ma,则

$$F_p+F_\mu+F_g+F_k=ma=m\left(\frac{\partial v}{\partial t}+v\frac{\partial v}{\partial s}\right)=F_1+F_c$$

这里 F_1 为时变惯性力或称非恒定流动惯性力,F_c 为位变惯性力。物体的特征长度用 l 表示。

1. 欧拉数(Euler number)Eu

$$Eu=\frac{F_p}{F_c}=\frac{pl^2}{\rho v^2 l^2}=\frac{\Delta p}{\rho v^2} \tag{3.24}$$

流体力学中的压力系数 C_p 即是欧拉数。如果模型试验流场与实物相似,那么两者表面各对应点的压力系数相等。

2. 雷诺数(Reynolds number)Re

$$Re=\frac{F_c}{F_\mu}=\frac{\rho v^2 l^2}{\mu vl}=\frac{\rho vl}{\mu} \tag{3.25}$$

雷诺数是表征流体的粘性对流动影响的相似准则。凡是与流动的粘性有关的物理量,如阻力、最大升力、抖振起始点等,都与 Re 有关。

3. 弗劳德数(Froude number)Fr

$$Fr=\frac{F_c}{F_g}=\frac{\rho v^2 l^2}{\rho gl^3}=\frac{v^2}{gl} \tag{3.26}$$

弗劳德数是重力作用对流动影响的一个量度。对试验模型外挂物投放、模型自由飞及尾旋试验等,Fr 是主要的相似准则。

4. 马赫数(Mach number)Ma

马赫数是表征惯性力 F_c 与弹性力 F_k 之比的相似准则,对于完全气体,有

$$\frac{F_c}{F_k}=\frac{\rho v^2 l^2}{pl^2}=\frac{v^2}{p/\rho}\propto\frac{v^2}{a^2}=Ma^2 \tag{3.27}$$

Ma 是气体的压缩性对流动影响的一个量度。对低速流动,气体的压缩性可以忽略不计,即不考虑 Ma;但当流速较高($Ma\geqslant0.4$)时,不能忽略气体压缩性影响。Ma 是一个非常重要的相似准则,它几乎对所有高速流动现象都有影响。在低速低湍流度风洞进行喷流试验和直升机旋翼试验时,对局部高速流动要模拟 Ma。

5. 斯特劳哈尔数(Strouhal number)Sr

$$Sr=\frac{F_1}{F_c}=\frac{\rho vl^3 t}{\rho v^2 l^2}=\frac{l}{vt} \tag{3.28}$$

斯特劳哈尔数是表征流动非定常性的相似准则。当进行结构弹性振动、旋涡、螺旋桨、旋翼天平、马格努斯力及航空声学等模型试验时，要求模型与实物的 Sr 相等。

除上述常用的相似准则外，有些风洞试验还要用到一些相似准则，如普朗特数（Prandtl number）Pr、努赛尔数（Nusselt number）Nu、拉格朗日数（Lagrange number）La、斯坦顿数（Stanton number）St 等，这些相似准则详见专门的论著。

3.2　误差理论

在试验中，由于受到设备、环境、操作水平等限制，不可避免地存在着误差，即试验值和真实值之间的差异。误差从数值上分为绝对误差（即真实值与试验值之差）和相对误差（即绝对误差与真值之比）；从引起误差的原因上分，有偶然误差、系统误差和过失误差。这三类误差也没有绝对的分界线，试验中经常交织在一起，需要根据试验的具体情况予以区分和处理。

3.2.1　误差基本概念

1. 真值

真值是指一个量被观测时，该量本身所具有的真实大小。量的真值是理想的概念。一般来讲，一个量的真值是难以确切知道的。为了使用上的需要，在下面的几种情况下，认为真值是已知的：

（1）理论真值：在理论上规定的值。例如，平面三角形三个内角之和为 π（rad）。

（2）法定真值：又称法定标准量，法定计量单位认为真值是已知的。例如，保存在国际计量局的国际千克基准，是按定义规定在特定条件下（$1000\,cm^3$ 的纯水在4℃时的质量，采用铂铱合金制成原器，称国际千克原器）的值，可以认为是真值 1kg。

（3）约定真值：指用来满足规定准确度，代替真值而使用的量值。通常把高一等（级）的测量器具所测得的量值作为约定真值，又称实际值。例如，用某压强计测量某点的压强，测得值为 1013Pa，用准度更高的仪器测量同一压强的测得的值为 1012.5Pa，则后者可视为实际值。

2. 误差

误差是评定精度的尺度，误差越小表示精度越高。

（1）绝对误差：指测量结果和被测量真值之间的差值，简称误差。

$$绝对误差＝测量结果－真值 \tag{3.29}$$

绝对误差可为正值或负值。绝对误差的正负号反映出测量结果相对于真值的偏离方向。

（2）误差的绝对值：不考虑正负号的误差称为误差的绝对值。

（3）相对误差：测量的绝对误差与被测量的真值之比称为相对误差。

$$相对误差 = \frac{绝对误差}{真值} \tag{3.30}$$

有时也可近似地用绝对误差与测量结果之比作为相对误差，即

$$相对误差 \approx \frac{绝对误差}{测量结果} \tag{3.31}$$

相对误差是一个比值，常以百分数（%）表示。与绝对误差一样，它的正负号反映了测量结果偏离真值的方向。由于相对误差不但与绝对误差的大小有关，而且与被测量的大小有关，因此能更确切地反映出测量工作的精细程度。

（4）引用误差：测量仪器的绝对误差与该仪器的测量范围上限值（或量程）的比值，称为引用误差，以百分数表示。

$$引用误差 = \frac{绝对误差}{测量范围上限值} \tag{3.32}$$

通常，以测量仪器的引用误差来规定仪器的等级。例如，一块电压表的等级是 0.5 级，表明它的引用误差为 0.5%。如果它有 5V、10V 两挡，那么测量 4.5V 左右的电压应选用 5V 挡，因为如果选用 10V 挡，绝对误差会有 0.05V，而选 5V 挡的绝对误差只有 0.025V，显然后者的相对误差比前者的小。所以，通常选择仪器量程时尽量选择接近测量值的量程。

3. 精度

反映测量结果与真值接近程度的量，称为精度。它与误差大小相对应，根据上述误差的性质和分类，可分别定义为：

（1）准确度：用来描述测量结果与被测量真值之间一致的程度，指在一定试验条件下多次测定的平均值与真值相符合的程度。用来表示在规定的条件下，测量中所有系统误差的大小。

（2）精密度：是指在一定的条件下对同一量进行多次测量时，所得测量的结果彼此之间符合的程度。用来表示测量结果中随机误差大小的程度。

（3）精准度：用来描述测量结果与真值的相符合的程度。用来表示测量结果中系统误差和随机误差的综合大小。

3.2.2　误差来源

测量误差的主要来源可归纳如下：

（1）标准器具的误差：作为在测量中提供标准量的标准器具，如光波波长、标

准线纹尺等,它们本身所体现的量值,不可避免地包含有一定的误差(一般误差值相对较小)。

(2)测量装置的误差:包括计量器具的原理误差、制造装调误差;被测件在测量仪器上安置时的定位误差;附件误差;接触测量中测量力与测量力变化引起的误差等。

(3)方法误差:由测量方法的不完善引起的误差。

(4)测量者的误差:由于测量者的固有习惯、分辨能力的限制、视觉器官生理变化、一时疏忽等原因造成的误差,如瞄准误差、读数误差等。

(5)客观环境引起的误差:由于各种环境因素与规定的标准状态不一致而引起的标准器、测量装置和被测件本身的变化所造成的误差。这类环境因素包括温度、湿度、气压、振动、照明、电磁场等,其中以温度尤为重要。

3.2.3 偶然误差

某试验进行多次重复,即可得到多组试验值,这些试验值都有误差。若排除了系统误差和过失误差,则这误差即为偶然误差,这类误差也称为随机误差。偶然误差具有统计特性,是误差研究的重点。

偶然误差具有以下特征:

(1)单峰性:绝对值小的误差出现的概率大,绝对值大的误差出现的概率小。

(2)对称性:绝对值相近的正、负误差出现的概率相同。

(3)有界性:在一定的测量条件下,偶然误差的绝对值不会超过一定的界限。

(4)抵偿性:在实际相同的测量条件下对同一量的测量,其误差的算术平均值随测量次数增加而趋于零。

1. 算术平均值

在测量中,为了提高测量精度,减小随机误差,可对被测量值在实际相同的测量条件下重复测量多次,取其算术平均值作为最后的测量结果。

设某一量值在实际相同的条件下进行 n 次重复测量,各个测得值为 $a_1, a_2, \cdots, a_n$,则该测量列的算术平均值为

$$\bar{a} = \sum_{i=1}^{n} a_i / n \qquad (3.33)$$

测量列的算术平均值与被测量的真值最为接近。设 T 为真值,$\delta_1, \delta_2, \cdots, \delta_n$ 为测量列中各测得值的随机误差,可得

$$\delta_i = a_i - T \,(i = 1, 2, \cdots, n) \qquad (3.34)$$

$$a_i = T + \delta_i \qquad (3.35)$$

把式(3.35)代入式(3.33),得

$$\bar{a} = T + \sum_{i=1}^{n} \delta_i / n \tag{3.36}$$

根据随机误差的性质,当 n 足够大时,正、负误差互相抵消,随机误差的平均值趋向于零。即算术平均值 $\bar{a}$ 接近于真值 T。这就表明,在实际相同的测量条件下,对同一量重复测量足够多次,取算术平均值作为测量结果,则随机误差对其影响甚微,可以忽略,即可提高测量精准度。在实际测量中,即使是有限次数的重复测量,也可以把算术平均值近似地作为被测量的实际值来应用。

2. 残余误差

一般情况下,被测量的真值为未知,不可能按式(3.36)求得随机误差,这时可用算术平均值作为被测量的实际值,则有

$$v_i = a_i - \bar{a} \, (i = 1, 2, \cdots, n) \tag{3.37}$$

式中: v_i 为测量列中第 i 个测量值 a_i 的残余误差,简称残差。

3. 标准偏差

如图 3.2 所示,呈正态分布的随机误差的概率分布密度曲线(简称为正态分布曲线),用下列函数来表示:

$$f(\delta) = \frac{1}{\sqrt{2\pi}\,\sigma} e^{-\frac{\delta^2}{2\sigma^2}} \tag{3.38}$$

式中: $f(\delta)$ 为误差为 δ 所出现的概率分布密度; δ 为随机误差; σ 为标准偏差($\sigma > 0$);e 为自然对数的底; π 为圆周率。

式中的特性参数 σ 被称作标准偏差(又称均方根误差),其定义为

$$\sigma = \sqrt{\frac{1}{n} \sum_{i=1}^{n} \delta_i^2} \tag{3.39}$$

式中: $\delta_i = a_i - T$,即随机误差; n 为测量次数; σ 可作为对同一被测量值作 n 次重复测量所得测量值分散性的评定标准。值得注意的是, n 为充分大时式(3.39)才能成立,且 σ 仅取正值。

图 3.2 是两个测量列的正态分布曲线,其测量精度 $\sigma_1 < \sigma_2$,所对应的曲线的形状也不相同。标准偏差 σ_1 的数值小,该测量列中较小的误差占优势,任一单次测得的值对算术平均值的分散度就小,即测量精度高。反之,标准偏差 σ_2 大的测量列的测量精度低。

通常,被测量值的真值为未知,所以不能用式(3.34)来求得随机误差,而且测量次数

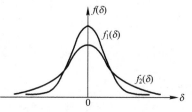

图 3.2　不同 σ 值的正态分布曲线示意图

也是有限的,因而也不能用式(3.39)取得测量列单次测量的标准偏差。实际上可以用算术平均值来近似地代替真值,用残余误差来估算标准偏差。下面通过残余误差与绝对误差之间的关系,导出有限次测量时的标准偏差估算公式。

设被测量的真值为 T,测量列中各测得值为 a_i,在系统误差已消除的情况下,测得值的绝对误差为 δ_i,残余误差为 v_i,则对应于各测得值 a_i 可得

$$\delta_1 = a_1 - T$$
$$\delta_2 = a_2 - T$$
$$\vdots$$
$$\delta_i = a_i - T$$
$$\vdots$$
$$\delta_n = a_n - T$$
$$\sum_{i=1}^{n} \delta_i = \sum_{i=1}^{n} a_i - nT \tag{3.40}$$

根据算术平均值,可得

$$\sum_{i=1}^{n} a_i = n\,\bar{a} \tag{3.41}$$

将式(3.41)代入式(3.40),可得

$$\bar{a} = T + \frac{1}{n} \sum_{i=1}^{n} \delta_i \tag{3.42}$$

由式(3.37)和式(3.42),可得

$$v_i = a_i - \bar{a} = (a_i - T) - \frac{1}{n} \sum_{i=1}^{n} \delta_i = \delta_i - \frac{1}{n} \sum_{i=1}^{n} \delta_i \tag{3.43}$$

由式(3.43)可写出

$$v_1^2 = \left(\delta_1 - \frac{1}{n} \sum_{i=1}^{n} \delta_i \right)^2 = \delta_1^2 - 2\delta_1 \frac{1}{n} \sum_{i=1}^{n} \delta_i + \left(\frac{1}{n} \sum_{i=1}^{n} \delta_i \right)^2$$

$$v_2^2 = \delta_2^2 - 2\delta_2 \frac{1}{n} \sum_{i=1}^{n} \delta_i + \left(\frac{1}{n} \sum_{i=1}^{n} \delta_i \right)^2$$

$$\vdots$$

$$v_n^2 = \delta_n^2 - 2\delta_n \frac{1}{n} \sum_{i=1}^{n} \delta_i + \left(\frac{1}{n} \sum_{i=1}^{n} \delta_i \right)^2$$

累加得

$$\sum_{i=1}^{n} v_i^2 = \sum_{i=1}^{n} \delta_i^2 - 2\frac{1}{n} \left(\sum_{i=1}^{n} \delta_i \right)^2 + n \left(\frac{1}{n} \sum_{i=1}^{n} \delta_i \right)^2$$

$$= \sum_{i=1}^{n} \delta_i^2 - \frac{1}{n} \left(\sum_{i=1}^{n} \delta_i \right)^2$$

由于在相同的测量条件下,各次相互独立的多次重复测量中,当测量次数 n 足够大时,随机误差绝对值相等的正误差与负误差出现的次数大致相等,因此,若把 $\left(\sum\limits_{i=1}^{n}\delta_i\right)^2$ 项展开,则除了 δ_i^2 项以外,相互乘积项 $\delta_1\delta_2,\delta_1\delta_3,\cdots,\delta_i\delta_j,\cdots(i\neq j)$ 的正负数目大致相等, $\sum\limits_{\substack{i,j=1\\(i\neq j)}}^{n}\delta_i\delta_j$ 趋近于零,故得

$$\sum_{i=1}^{n}v_i^2 = \sum_{i=1}^{n}\delta_i^2 - \frac{1}{n}\sum_{i=1}^{n}\delta_i^2 = \frac{n-1}{n}\sum_{i=1}^{n}\delta_i^2 \tag{3.44}$$

将式(3.44)代入式(3.39),可得

$$\sigma = \sqrt{\frac{1}{n-1}\sum_{i=1}^{n}v_i^2} \tag{3.45}$$

这就是等精度有限次测量时,用残余误差估算测量列单次测量标准偏差的公式。

由式(3.43)可知,残余误差 v_i 和随机误差 δ_i 具有相同的特征,因此残余误差也符合正态分布,其分布密度为

$$f(v) = \frac{1}{\sigma\sqrt{2\pi}}e^{-\frac{v^2}{2\sigma^2}} \tag{3.46}$$

由式(3.46)可知, σ 值越小,则 e 的指数的绝对值越大,因 $f(v)$ 减少得很快,即曲线变陡。而 σ 值越小,在 e 前面的系数值越大,即对应于误差为零的纵坐标也越大,曲线变高。反之 σ 越大, $f(v)$ 减小越慢,曲线平坦,同时对应于误差为零的纵坐标也越小,曲线变低。

应该指出,标准偏差 σ 不是一个具体的误差, σ 是作为相同条件下重复多次测量中,任一单次测得值对该测量列的算术平均值分散度的一个统一评定标准。在实际相同的条件下所进行的测量称为等精度测量,即测得值的 σ 相等。

4. 测量列算术平均值的标准偏差

任一量值在有限次重复测量中所得到的测量列的算术平均值是随机误差较小的接近真值的值,但并不等于真值,而是存在算术平均值的误差 δ_r。由式(3.36)可得

$$\delta_r = \bar{a} - T = \sum_{i=1}^{n}\delta_i/n \tag{3.47}$$

由此可知,算术平均值对被测量的真值也有一定的分散度。测量列算术平均值的标准偏差 σ_r,是表征同一被测量值的独立测量列中算术平均值分散性的参数。下面将导出测量列算术平均值的标准偏差 σ_r 的计算公式。

设在相同条件下对同一量值作 m 组相互独立的重复测量,每组皆进行 n 次等

精度测量,得到 m 个测量列及其算术平均值 $\overline{a}_k(k=1,2,\cdots,m)$。

由于每一个测得值 $a_{ki}(k=1,2,\cdots,m,i=1,2,\cdots,n)$ 都存在随机误差 δ_{ki}。根据式(3.38)可知,每一测量列也都存在算术平均值的误差 δ_{rk},

$$\delta_{rk} = \sum_{i=1}^{n} \delta_{ki}/n \quad k = 1,2,\cdots,m \tag{3.48}$$

将式(3.48)平方得

$$\delta_{rk}^2 = \frac{1}{n^2} \left(\sum_{i=1}^{n} \delta_{ki}^2 + \sum_{i,j=1}^{n} \delta_{ki}\delta_{kj} \right), \quad k = 1,2,\cdots,m; i \neq j$$

当 n 足够大时, $\sum_{i,j=1}^{n} \delta_{ki}\delta_{kj}$ 趋近于零,故

$$\delta_{rk}^2 = \sum_{i=1}^{n} \delta_{ki}^2/n^2, \quad k = 1,2,\cdots,m \tag{3.49}$$

由每一测量列中单次测量的标准偏差 σ_k 可知

$$\sigma_k^2 = \sum_{i=1}^{n} \delta_{ki}^2/n \tag{3.50}$$

将式(3.50)代入式(3.49),可得

$$\delta_{rk}^2 = \sigma_k^2/n \tag{3.51}$$

根据标准偏差的定义(3.39),算术平均值的标准偏差 σ_r 应为

$$\sigma_r = \sqrt{\frac{\delta_{r1}^2 + \delta_{r2}^2 + \cdots + \delta_{rk}^2 + \cdots + \delta_{rm}^2}{m}} \tag{3.52}$$

将式(3.51)代入式(3.52),可得

$$\sigma_r = \sqrt{\frac{\sigma_1^2 + \sigma_2^2 + \cdots \sigma_m^2}{mn}}$$

因所有的测量都是在相同条件下的等精度测量,所以各测量列中的单次测量的标准偏差 σ_k 相等,即

$$\sigma_1 = \sigma_2 = \cdots = \sigma_m = \sigma$$

所以

$$\sigma_r = \sigma/\sqrt{n} \tag{3.53}$$

式(3.53)是测量列算术平均值的标准偏差计算公式。如果用有限次测量的残余误差来估算算术平均值的标准偏差,则为

$$\sigma_r = \sqrt{\frac{1}{n(n-1)} \sum_{i=1}^{n} v_i^2} \tag{3.54}$$

由式(3.53)可知,在 n 次等精度测量中算术平均值的标准偏差 σ_r 是单次测量的标准偏差 σ 的 $\sqrt{n}$ 分之一。当 n 越大时,所得的算术平均值越接近真值,测量

的精确度越高。因此在科学试验中,增加测量次数可以提高测量精度。但是,由于测量精度是与测量次数的平方根成反比,当 $n>10$ 以后, σ_r 已减少得非常缓慢。此外,测量次数越多,越难保证测量条件的恒定,从而带来新的误差。因此,一般情况下取 n 为 10 以下较为适宜。

5. 不确定度

不确定度表示由于测量误差的存在而对被测量值不能肯定的程度。传统的方法是用极限误差来表示测量的不确定度。通常,在测量次数较多且要求不高时,对于测量列单次测量的不确定度取为 $\pm 3\sigma$,对于算术平均值的不确定度取 $\pm 3\sigma_r$。

3.2.4　系统误差

系统误差是具有一定规律的误差,不可能通过增加测量次数来减少或消除,而必须找出产生系统误差的原因予以消除或修正。系统误差的来源主要有以下几个方面:

(1) 测量仪器仪表不准,如天平校准公式产生的误差。

(2) 测量方法不准,如采用近似的试验方法或近似的计算公式等。

(3) 测量条件不准,如试验的温度、湿度、压力等引起的误差。

系统误差一般包括:

(1) 常值误差:即在整个测量过程中,误差的大小和方向始终不变,如模型初始安装角带来的误差、仪器仪表的初始读数。

(2) 线性误差:即在测量过程中,误差值随某因素作线性变化,如仪表的放大系数误差。

(3) 周期性误差。

(4) 复杂规律误差。

为了减小或消除在试验过程中可能出现的系统误差,最好是从产生误差根源上减小或消除系统误差。一般的做法是对测量过程中可能产生系统误差的各个环节作仔细分析,尽可能设法排除。例如,在测量前应对所使用的各种测量器具和模型等进行仔细的检查和调整;定期检修和校准仪器设备等。

可以选用适当的测量方法来减小或消除系统误差。流体力学试验中经常采用变换某些试验条件的方法来减小或消除系统误差。如低速低湍流度风洞中用换位法标定风速管就可以消除流场和仪器引起的系统误差。为了减小或消除系统误差,还常在数据处理时引入修正值对结果进行修正。这种方法是预先确定出测量器具或整个系统的系统误差,制成修正表格、修正曲线或修正公式,而后将测得值加上相应的修正值,即可得到不包含该系统误差的测量结果。修正值与系统误差的绝对值相等,符号相反,即

$$修正值 = -系统误差 \tag{3.55}$$

例如,用尺端已磨损 0.2mm 的尺子测量所得的测得值,加上 -0.2mm 的修正值以后,就消除了尺端磨损这一因素而引起的系统误差。修正后的测量结果其准确度得到显著提高。在流体力学试验中广泛地应用修正方法来减少或消除测量数据中所含有的系统误差。应该说明的是,在测量过程中形成系统误差的因素是复杂的,通常人们还难于查明所有的系统误差,也不可能全部消除系统误差的影响。

3.2.5 过失误差

过失误差也叫粗大误差,主要是由测量过程中的非正常因素造成的,一般偏离算术平均值较大,试验结果明显不合理,所以应在进行结果分析前先去掉这些数据。在风洞试验中通常使用以下方法判别异常值:

(1) 3σ 准则。在测量列中,若各测量值只含有偶然误差,按正态分布规律,测量值的剩余误差的绝对值大于 3σ 的概率约为 0.3%。如测量值的 $|v_i| = |x_i - \bar{x}| > 3\sigma$,则可认为其含有过失误差,此数据可剔除。

(2) 格拉布斯准则。在测量列中,若各测量值只含有偶然误差,如果某次测量值的剩余误差的绝对值大于 $g\sigma$,即 $|v_i| = |x_i - \bar{x}| > g\sigma$,则认为该测量值含有过失误差,此数据可剔除。$g$ 值是一个取决于测量次数 n 和置信概率 p 的系数。置信概率是指测量结果的剩余误差的绝对值落在 $g\sigma$ 的概率。p 一般取 0.95 或 0.99,g 的数值见表 3.1。

表 3.1 对应于 n、p,系数 g 的数值

n	p		n	p		n	p	
	0.99	0.95		0.99	0.95		0.99	0.95
3	1.15	1.15	12	2.55	2.28	21	2.91	2.58
4	1.49	1.46	13	2.61	2.33	22	2.94	2.6
5	1.75	1.67	14	2.66	2.37	23	2.96	2.62
6	1.94	1.82	15	2.7	2.41	24	2.99	2.64
7	2.1	1.94	16	2.74	2.44	25	3.01	2.66
8	2.22	2.03	17	2.78	2.47	30	3.1	2.74
9	2.32	2.11	18	2.82	2.5	35	3.18	2.81
10	2.41	2.18	19	2.85	2.53	40	3.24	2.87
11	2.48	2.23	20	2.88	2.56	50	3.34	2.96

在上述两种判别异常值的准则中,3σ 准则适用于测量次数较多(一般要求 $n \geq 20$)的情况。该准则不需查表,十分简便,故在对测量要求不高的情况下经常

使用。格拉布斯准则对测量次数要求不高,适用于测量次数少、测量要求高的场合。常规低速低湍流度风洞测力试验的重复测量次数一般取 7,采用格拉布斯准则剔除异常值,置信概率取 0.99。

3.2.6　函数误差

在实际测量中,有些量能直接测量。也有很多量不能直接测量,而是通过与某些直接测量值的函数关系计算出来的。因此,其误差是各测量值误差的函数,即函数误差。

函数误差研究一般有以下基本内容:

(1) 函数误差的求取。

(2) 已知函数及其总的函数误差(即总的精度、准确度要求)确定各测量值的误差,即误差分配。

(3) 确定最佳测量条件,即使函数误差达到最小值的测量条件。

3.2.7　测量不确定度的合成

对不确定度的分类、处理和表达问题争论较多,使用方法多样而且混乱。但这又是误差理论的一个重要问题。

在科学试验中,分别分析和估计出各个误差因素影响的误差限或标准偏差,然后根据这些单项误差分量进行合成,求得总的误差界限或某个误差特征值,以此作为准确度指标。

国际上将用统计方法估计的误差称为 A 类,其他方法为 B 类。偶然误差显然属于 A 类,而系统误差当为 B 类。下面讨论随机不确定度、系统误差限和总的不确定度。

随机不确定度一般采用标准差乘上置信因子来表示。置信因子一般选择 2 或 3,对于小子样问题,选用 t 分布的 $t_{0.05}$ 或 $t_{0.03}$。建议采用 2 倍标准差,对小子样问题采用 $t_{0.05}$。

系统不确定度是对系统误差上限 e 的一个估计。在计算 e 时,统计方法已不再适用。通常只能用分析判断和试验方法来确定,这是很困难的,但是某些试验条件通常在某一范围内是随机的,则该系统误差就随试验条件而改变,故在某一误差范围内也具有一个与试验条件密切相关的概率分布,所以也可用方和根的方法处理多个系统误差限的合成。但系统误差限的符号经常是单一的,所以应将上限 e^+ 和下限 e^- 分开处理。

如何合成随机不确定度和系统不确定度而成为总不确定度是一个有意见分歧的问题。有人主张采用方和根法,此法不确定度较小,受仪器设计者和校正者欢迎。另一种是绝对和法,此法显然过于保守。故也可采用折中计算法算出总的不确定度。

3.2.8 动态测量误差的估计

在试验空气动力学中涉及了许多动态测量,如气动噪声测量、脉动压力测量等。测量对象一般为平稳随机过程,其采用都为有限时间。现对这些测量值和误差作一简要介绍。

1. 有限时间平均值及其方差

有限时间平均值为

$$\hat{\mu}_x = \frac{1}{2T} \int_{-T}^{T} x(t) \, \mathrm{d}t \tag{3.56}$$

其方差为

$$\mathrm{var}[\hat{\mu}_x] \approx \frac{1}{2T} \int_{-T}^{T} C_x(\tau) \, \mathrm{d}\tau, \quad |\tau| \ll T \tag{3.57}$$

式中:$C_x(\tau)$为$\{x(t)\}$的协方差函数,即

$$C_x(\tau) = \mathrm{cov}[x(t), x(t+\tau)]$$

2. 有限时间均方值及其方差

有限时间均方值为

$$\hat{R}_x(0) = \frac{1}{2T} \int_{-T}^{T} x^2(t) \, \mathrm{d}t \tag{3.58}$$

其方差为

$$\mathrm{var}[\hat{R}_x(0)] \approx \frac{1}{T} \int_{-2T}^{2T} [C_x^2(\tau) + 2\mu_x^2 C_x(\tau)] \, \mathrm{d}\tau, \quad |\tau| \ll T \tag{3.59}$$

式中

$$\mu_x^2 = \lim_{T \to \infty} \frac{1}{2T} \int_{-2T}^{2T} R_x(\tau) \, \mathrm{d}\tau \tag{3.60}$$

3. 有限时间相关函数及其方差

有限时间相关函数为

$$\hat{R}_{xy}(\tau) = \frac{1}{2T} \int_{-T}^{T} x(t) y(t+\tau) \, \mathrm{d}t, \quad t \in [-T, T+\tau] \tag{3.61}$$

其方差为

$$\mathrm{var}[\hat{R}_{xy}(\tau)] \approx \frac{1}{2T} \int_{-2T}^{2T} [R_x(t) + R_{xy}(t+\tau)] \, \mathrm{d}t \tag{3.62}$$

有限时间自相关函数为

54

$$\hat{R}_x(\tau) = \frac{1}{2T} \int_{-T}^{T} x(t)x(t+\tau)\,\mathrm{d}t, t \in [-T, T+\tau] \qquad (3.63)$$

其方差为

$$\mathrm{var}[\hat{R}_x(\tau)] = \frac{1}{2T} \int_{-2T}^{2T} [R_x^2(\xi) + R_x(\xi+\tau)R_x(\xi-\tau)]\,\mathrm{d}\xi, \ \mu_x = 0 \qquad (3.64)$$

4. 有限时间谱密度函数及其误差

模拟方法中的谱密度为

$$\hat{S}_x(f) = \frac{1}{2TB} \int_{-T}^{T} x^2(t, f, B)\,\mathrm{d}t$$

式中:B 为带宽。

由于带宽虽小但总不为零,$\hat{S}_x(f)$ 不是 $S_x(f)$ 的无偏估计,所以引入固定误差 b。
其误差为

$$E[\hat{S}_x(f) - S_x(f)]^2 = \mathrm{var}[\hat{S}_x(f)] + b^2 \qquad (3.65)$$

$$\mathrm{var}[\hat{S}_x(f)] = \frac{1}{B^2 T} \int_{-2T}^{2T} \left(1 - \frac{|\tau|}{2T}\right) [C_x^2(\tau) + 2\mu_x^2 C_x(\tau)]\,\mathrm{d}\tau \qquad (3.66)$$

$$b = \frac{B^2}{24} S_x''(f) \qquad (3.67)$$

3.3　试验数据处理

试验数据的处理包括误差的处理和试验结果的表示等工作。

1. 有效数字

对于给出的数据,从左边第一个不为零的数字算起至右边最末一位的数字都
称为有效数字。对于作为测量结果给出的数据表示最后一位有效数字是可疑数
字。最后一位的可疑数字表示有±1 个单位(或±0.5 个单位)的误差。所以对于作
为测量结果的数据必须按有效数字的概念正确给出。

直接测量时,根据测量器具的示值读出的被测量值,一般只保留一位可疑数
字。例如,使用标尺最小刻度为 mm 的直尺测量得到的结果为 16.8mm,前面两位
是从标尺的分度值上读出的可靠数字,最后一位"8"是相邻刻度间的内插估计值,
是一个可疑数字。如果写成 13.80 则表示前面三个数字是可靠数字,最末位为估
计值,直尺的最小刻度为 0.1mm,这样的结果就不符合实际了。

在表示测量结果的极限误差时,一般只取 1 或 2 位有效数字。测量结果的有
效数字的末位数应与极限误差的末位数取相同的数位,如(16.8±0.5)mm。

常数 π、e，以及 $\sqrt{3}$ 等有效数字位数，需要几位就可写到几位，通常比测得值多取 1 或 2 位。

2. 数字修约

整理试验数据时，当需要的有效数字位数确定后，应对数字进行修约，即将有效数字以后的数字按一定的规则舍去。舍去的规则一般为：被舍去的第一位小于5，则被保留的末位不变，被舍去的第一位大于5，则在被保留的末位上增加1，如 e = 2.71828 取四位为 e = 2.718。被舍去的第一位等于 5 时，按"偶数原则"处理：被保留的位数是奇数时应增加 1；被保留的位数是偶数时保持不变。例如，0.8115 取三位有效数字时为 0.812，0.8125 取三位有效数字时同样为 0.812。

3. 近似值的计算

测量所得的数据一般都是有误差的，这种数值叫近似值。近似值的运算应根据有效数字的概念来进行。原则上，近似值加减运算结果的有效位等于其中末位最大的有效位。近似值乘除运算结果的有效数字个数等于其中有效数字个数最少的。但实际工作中并不要求这么严格，只要求在运算过程中不致产生会降低测量精度的计算误差就可以了。尤其是运用计算机整理试验数据时，不妨在进行运算的过程中比预定测量结果的有效数字位数多 1 或 2 位，然后在给出最后的测量结果时，根据测量误差所确定的有效数字位数作数字修约。

4. 试验结果的表示

通常，试验结果的表示方法有列表法、作图法和公式等。

1）列表法

列表法是将试验条件、试验自变量和测试数据以表格的形式表示出来的方法。如果编排适当，列表法有使用方便、数据准确的优点。

2）作图法

作图法是将试验条件、试验自变量和测试数据以图形的形式表示出来的方法。作图法的特点是形象直观、便于观察趋势、便于结果的宏观比较等。例如，图 3.3 所示为 NACA 2412 翼型的升力特性曲线。作图法表示的结果可以是离散的，也可以是经过适当处理后的连续曲线。

3）公式法

公式法是将试验结果以公式的形式出来的方法。它使试验结果便于分析和应用。公式的得出可以采用观察图形法、图解试验法、表差法和回归分析法等。下面着重介绍回归分析法的基本思想。

（1）最小二乘法原理：设 A 是一组等精度测量值中的最佳值（即最可信赖的值，并不是真值），则 A 与各测量值 a_i（$i = 1, 2, \cdots, n$）之间差值的平方和为最小。最小二乘法原理是一个数学原理，在试验技术中有着广泛的应用。

（2）一元线性回归(最佳直线方程问题)：有些试验结果所描述的曲线为一条直线(图 3.4)，由最小二乘法原理可知最佳直线与各数据点距离的平方和最小的直线。

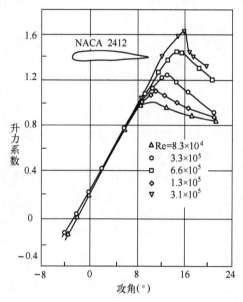

图 3.3　NACA 2412 翼型升力特性曲线　　　图 3.4　最佳直线示意图

设最佳直线方程为

$$Y = Kx + b \tag{3.68}$$

计算值 Y_i 与测得值 y_i 之差为

$$\delta_{yi} = y_i - Y_i = y_i - (Kx_i + b) \tag{3.69}$$

其平方和为

$$Q = \sum_{i=1}^{n} \delta_{y_i}^2 = \sum_{i=1}^{n} \left[y_i - (Kx_i + b) \right]^2 \tag{3.70}$$

可见，Q 是待定系数 K 和 b 的函数。根据最小二乘法原理，最佳曲线应满足 Q 值为最小的条件，即

$$\begin{cases} \dfrac{\partial Q}{\partial K} = 0; & \dfrac{\partial Q}{\partial b} = 0 \\[2mm] \dfrac{\partial^2 Q}{\partial K^2} > 0; & \dfrac{\partial^2 Q}{\partial b^2} > 0 \end{cases} \tag{3.71}$$

对式(3.70)求偏导数，代入式(3.71)，得

$$\frac{\partial Q}{\partial K} = -2 \sum_{i=1}^{n} \left[y_i - (Kx_i + b) \right] x_i = 0$$

$$\frac{\partial Q}{\partial b} = -2 \sum_{i=1}^{n} \left[y_i - (Kx_i + b) \right] = 0$$

$$\frac{\partial^2 Q}{\partial K^2} = 2, \quad \sum_{i=1}^{n} x_i^2 > 0$$

$$\frac{\partial^2 Q}{\partial b^2} = 2n > 0$$

由此得

$$\begin{cases} \sum_{i=1}^{n} x_i y_i - b \sum_{i=1}^{n} x_i - K \sum_{i=1}^{n} x_i^2 = 0 \\ \sum_{i=1}^{n} y_i - nb - K \sum_{i=1}^{n} x_i = 0 \end{cases} \quad (3.72)$$

解方程组(3.72),得

$$\begin{cases} K = \dfrac{\sum_{i=1}^{n} x_i \sum_{i=1}^{n} y_i - n \sum_{i=1}^{n} x_i y_i}{\left(\sum_{i=1}^{n} x_i \right)^2 - n \sum_{i=1}^{n} x_i^2} \\[4mm] b = \dfrac{\sum_{i=1}^{n} x_i y_i \sum_{i=1}^{n} x_i - \sum_{i=1}^{n} y_i \sum_{i=1}^{n} x_i^2}{\left(\sum_{i=1}^{n} x_i \right)^2 - n \sum_{i=1}^{n} x_i^2} \end{cases} \quad (3.73)$$

显然,式(3.73)的分母应不为零。由此,可以确定该问题的最佳直线方程。

(3) 一元二次回归(最佳二次曲线方程问题):有时试验结果所描述的曲线呈二次曲线,如飞机的阻力系数曲线,如图 3.5 所示。

回归时可设方程为

$$Y = a + bx + cx^2 \quad (3.74)$$

同样可按最小二乘法原理列出三个偏微分方程式来求解 a、b、c 三个待定系数。最后需求解方程组(3.75)。

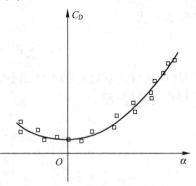

图 3.5 最佳二次曲线示意图

$$
\begin{cases}
a \sum_{i=1}^{n} x_i^2 + b \sum_{i=1}^{n} x_i^3 + c \sum_{i=1}^{n} x_i^4 = \sum_{i=1}^{n} x_i^2 y_i \\
a \sum_{i=1}^{n} x_i + b \sum_{i=1}^{n} x_i^2 + c \sum_{i=1}^{n} x_i^3 = \sum_{i=1}^{n} x_i y_i \\
an + b \sum_{i=1}^{n} x_i + c \sum_{i=1}^{n} x_i^2 = \sum_{i=1}^{n} y_i
\end{cases}
\tag{3.75}
$$

确定了 a、b、c 三个待定系数后,即可得到最佳二次曲线的方程。

回归法可分为一元、多元和线性、非线性回归。目前许多商用数据处理软件都有大量的回归分析内容,使用起来非常方便,这里仅做一些概念性的介绍。

第四章　低湍流度风洞试验技术

4.1　全模测力试验

全模测力试验的目的是得到飞机或其他飞行器的气动力特性。气动力特性包括全机气动特性、飞机的舵面效率(如副翼、方向舵、升降舵等的效率)、飞行器各个部件的气动力贡献、飞行器的雷诺数特性、地面效应影响等。一般将气动力分解为升力、阻力、俯仰力矩、侧力、偏航力矩以及滚转力矩。

全模测力试验是在给定的动压条件下,采用六分量天平测量模型在一系列姿态角下的气动力。进行全模测力试验,要将风洞的各分系统协调地运转起来,保持试验动压稳定,按试验要求自动改变模型姿态,对模型的气动力实现精确、高效的测量。

测力试验中,当模型侧滑角为 0°,在一系列攻角下进行测量称为纵向测力试验;对模型给定某一攻角,在一系列侧滑角下进行测量称为横向测力试验;对模型给定某一非零侧滑角,在一系列攻角下进行测量称为准纵向测力试验;在不同的动压条件下,对同一模型状态测力称为变雷诺数试验;在相同的试验条件下,对同一模型状态的多次重复测量称为重复性试验。为了扣除支架干扰,还要进行支架干扰试验,如腹撑模型正装测力时,为了测量腹撑支架干扰量,就必须进行模型反装、模型反装加镜像支架的测力试验。

飞机的全模测力试验具有代表性,下面逐项介绍其试验内容。

4.1.1　飞机纵向气动特性

飞机的纵向气动特性通过纵向试验测量得到。进行纵向气动特性试验时,一般是在侧滑角为 0°时,改变一系列攻角,测量模型的气动力。

1. 升力特性

通过试验得到升力系数随攻角的变化曲线,这种曲线称为升力特性曲线。从升力特性曲线上可以得到升力线斜率、最大升力系数、零升力攻角和临界攻角。升力线斜率通常在曲线的线性段上求得,如图 4.1 所示。

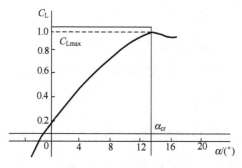

图 4.1　升力特性曲线

2. 阻力特性

阻力的测量结果可以绘制成阻力系数随攻角的变化曲线,也可以绘制阻力系数与升力系数的曲线(通常称为极曲线),如图 4.2 所示。阻力系数可以分解为零升阻力和诱导阻力两部分,如

$$C_D = C_{D0} + C_{Di} = C_{D0} + A_i C_L^2 \tag{4.1}$$

式中:C_D 为阻力系数;C_{D0} 为零升阻力系数;C_{Di} 为诱导阻力系数;A_i 为诱导阻力因子;C_L 为升力系数。

在确定了零升阻力系数后,根据式(4.2)求出诱导阻力因子。

$$A_i = C_{Di}/C_L^2 = (C_D - C_{D0})/C_L^2 \tag{4.2}$$

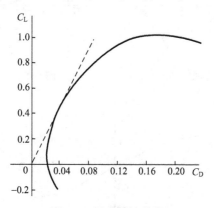

图 4.2　阻力特性曲线

3. 俯仰力矩特性

俯仰力矩的测量结果可以绘制成俯仰力矩系数与升力系数的关系曲线。从曲线中可以得到零升力矩系数,而该曲线的斜率就是飞机的纵向静稳定度,如图 4.3 所示。

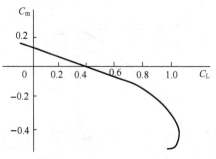

图 4.3　俯仰力矩特性曲线

4.1.2　飞机横向气动特性

横向空气动力分量主要随侧滑角变化。进行横向气动特性试验时,一般是在给定几个攻角下,改变一系列侧滑角,测量气动力,把测量结果分别绘制成横向力系数、偏航力矩系数和滚转力矩系数随侧滑角的变化曲线,如图4.4~图4.6所示。从这些曲线中,可以求得各气动力分量对侧滑角的导数。

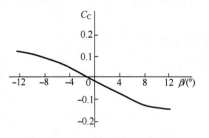

图 4.4　横向力曲线图

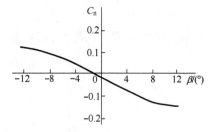

图 4.5　偏航力矩曲线图

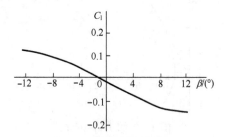

图 4.6　滚转力矩曲线图

4.1.3　飞机操纵面气动特性

1. 升降舵效率

在一组升降舵偏度下,进行纵向试验测出飞机的气动力特性,绘制飞机在不

62

同升降舵偏度的俯仰力矩系数和升力系数的关系曲线。由此曲线得到在某一升力系数下的俯仰力矩系数和升降舵偏度的曲线,该曲线的斜率就是升降舵效率,如图4.7所示。

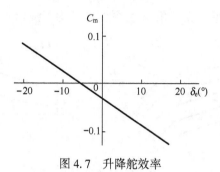

图4.7　升降舵效率

2. 方向舵效率

在某一攻角下,按给定的一组方向舵偏度进行横向试验,测出飞机的气动力特性。绘制飞机横向力系数、偏航力矩系数、滚转力矩系数和方向舵偏度的关系曲线,取偏航力矩系数和方向舵偏度曲线的斜率,就可得到方向舵效率,如图4.8所示。

3. 副翼效率

在某一攻角下,按给定的一组副翼偏度进行横向试验,测得飞机滚转力矩和副翼角度的关系曲线,这个曲线的斜率就是在这个攻角下的副翼效率,如图4.9所示。

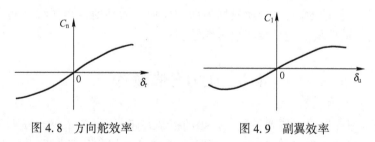

图4.8　方向舵效率　　　　　　图4.9　副翼效率

4. 平尾处下洗角

在飞机设计中,常常需要调整平尾安装角,使飞机在巡航飞行时无需偏转升降舵就能保持配平状态,这就需要测量在平尾处的气流下洗角。测量方法可以用流场测量方法、部件组拆法和变平尾安装角方法。变平尾安装角方法是通过纵向试验测出一组平尾安装角下的俯仰力矩和攻角的曲线,然后去掉平尾进行试验测得俯仰力矩和攻角的曲线。从图4.10中可以看出有平尾和无平尾力矩曲线的交点,在交点上,平尾对俯仰力矩的贡献为零,也就是平尾相对气流的攻角为零。由式

$$\alpha+\psi_H-\varepsilon=0$$

得

$$\varepsilon=\alpha+\psi_H \tag{4.3}$$

式中:α 为攻角;ψ_H 为平尾安装角;ε 为平尾区平均下洗角。

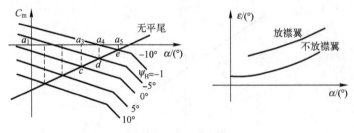

图 4.10　平尾处下洗角

4.1.4　地面效应试验

当飞机距地面半个翼展或更近时,地面对飞机的气动特性有严重的影响,这种影响主要表现在升力线斜率增加、纵向静稳定性增加、诱导阻力减小等。在风洞中模拟地面影响的试验称为地面效应试验。

在风洞中用地板模拟地面,可以调节地板和模型之间的距离,以模拟飞机离地面的不同高度。为了减小或消除地板边界层的影响,可以采用在地板上开缝吸除边界层的方法,也可以采用吸气或吹气地板,最好的方法是用运动速度和气流相同的运动地板来模拟地面,这种地板称为活动地板。活动地板和气流之间没有相对运动速度,活动地板上就不会产生边界层。

4.2　压力分布试验

本节主要介绍以飞行器模型为代表的模型表面的压力分布测量试验。测压试验的目的主要是为飞行器及其各部件结构强度计算提供气动载荷分布的原始数据;为研究飞行器及其各部件的性能、研究绕模型的流动特性提供依据。通过压力分布测量可以确定机翼上最小压力点位置、气流分离特性以及作用在模型上的升力、压差阻力和压力中心的位置等。因此,风洞模型压力分布测量是研究飞行器气动特性、进行强度校核、验证数值计算方法是否准确的一个重要手段。

4.2.1　测压试验方法

测压试验使用测压模型。测压模型除在模型表面的适当位置布置了测压孔并在模型内留有传压导管布管槽和一定空间外,其他要求与测力模型基本相同。全机和机身的压力分布测量试验,模型可用腹撑或尾撑。测压模型的每个测压孔通过传压导管分别与多管压力计或扫描阀及压力传感器相连。传压导管由模型内部沿支杆引出风洞。若模型内有足够的空间,最好将压力扫描阀和传感器安置在模型内,以尽可能缩短传压导管,减少导管内的压力平衡时间。如果测压的同时还要进行测力,则应考虑天平的安装与使用,且要避免或尽可能减小传压导管对天平的干扰。为了增加模型表面测压点数目,提高试验的雷诺数,要加大模型尺寸,也可采用半模试验。通常采用靠近洞壁安装的半模进行测压试验,模型内的传压导管则可以很方便地连接到风洞外。

对机翼而言,测压孔通常布置在机翼上下表面的 0、1.25%、2.5%、5.0%、10.0%、15.0%、20.0%、30.0%、40.0%、50.0%、60%、70%、80%、90%、95%、100%的弦向位置上,并分布在展向的若干个剖面上。每个剖面上、下沿弦向测压孔不少于 15 个,压力变化较剧烈处(如机翼前缘附近)应适当增多。测压孔内径一般取0.4~0.8 mm,测压孔轴线应垂直于模型当地型面;孔口无倒角、无毛刺,必须与表面保持平齐。传压导管在布管时要避免挤压、突然拐折和严重扭曲,管接头要可靠,防止导管的堵塞和漏气,要走向清楚、排列有序,与对应序号的测压孔标识准确。要逐个仔细检查整个测压管路的通气性和气密性。

目前风洞测压试验尤其是有大量测点的测压试验,大都采用压力扫描阀(机械扫描阀或电子扫描阀)和压力传感器。众多的测点可能对传感器的量程要求不尽一致,这就需要选用不同量程的传感器和仔细地布置管路,要选用重复性好、线性好、温漂小、滞后小的传感器。对模型底部压力、模型表面压力分布测量,最好选用压差传感器,用试验段静压作压差传感器的参考压力,可明显提高压力测量精度。压力传感器的灵敏度,通常随环境的温度、湿度及输入电桥电压值的大小等发生变化,不同时间的校准结果也会不一样。因此,风洞试验时,最好能实时校准和重复校准使用传感器工作时的实际校准曲线。

采用压力扫描阀系统进行测压试验的数据采集流程通常为:传感器感受压力,将其转换为电信号,经放大器放大,送采集系统进行 A/D 转换,输入计算机进行处理。

4.2.2 测压试验数据处理

试验数据通常以压力系数给出。根据压力系数的定义得

$$C_{pi} = (p_i - p_\infty)/q_\infty \qquad (4.4)$$

式中:C_{pi} 为模型上第 i 点的压力系数;p_i 为模型上第 i 点测得的静压;p_∞ 为试验段来流静压;q_∞ 为试验段来流动压。

试验中只需测得模型表面各测点的静压 p_i 和试验段来流静压 p_∞ 以及试验段来流动压 q_∞，便可算出对应各测点的压力系数 C_{pi}。在实际测量中，根据所选用的参考压力，对式(4.4)作某些形式上的适当变换，便可使测量更为简便。

压力分布试验的结果通常有两种表示方法：一种是矢量法；另一种是坐标法。矢量法是把压力系数 C_p 用矢量的形式画在翼型或其他测压剖面对应的测压点上。取一适当长度表示压力系数的一个单位，再将各点的 C_p 值比照单位长度画出对应的线段。这些线段分别与模型对应测压点的表面相垂直。C_p 为负时箭头离开表面，为正时箭头指向表面，如图4.11所示。坐标法一般是以测压孔在弦向的相对位置 $\bar{x}=x/c$（对应于翼型，x 为离前缘的弦向距离，c 为弦长）为横坐标，以压力系数 C_p 为纵坐标，绘制 $C_p=f(\bar{x})$ 曲线。通常习惯于把负的 C_p 绘于横坐标之上，把正的 C_p 绘于横坐标之下，如图4.12(a)所示。图中实线表示翼型上表面的压力系数分布，虚线表示翼型下表面的压力系数分布。也可用翼型上下表面的测压孔位置 $\bar{y}=y/c$ 为纵坐标，以压力系数 C_p 为横坐标，把各点的压力系数绘成如图4.12(b)所示的形式。图中实线表示翼型最大厚度之前的压力分布，虚线表示最大厚度之后的压力分布。实际应用中多采用坐标法，但矢量表示法具有直观的优点。

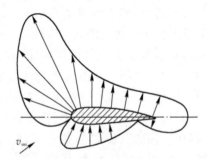

图4.11　压力分布的矢量表示法

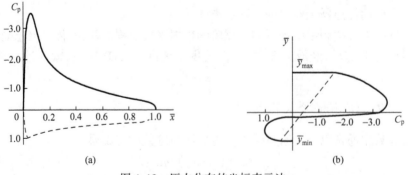

图4.12　压力分布的坐标表示法

虽然压力分布试验的数据处理比较简单,但由于试验的数据量通常很大,这就要求根据不同的模型姿态、不同的测压剖面等合理地、有规律地通过计算机程序给出试验结果数据和曲线图。

在有大量测点的测压试验中,经常遇到的麻烦是如何正确判别与测压孔口表面状态不良、传压导管的堵塞或漏气直接有关的不正常结果数据。所以,与此有关的仔细的模型检查及记录将是对这类结果数据分析判断的依据;同时,对测压模型需特别强调测压孔加工和压力传递管路系统的状态良好以及在试验前应做的精心准备。

对模型压力分布试验结果也应进行洞壁干扰修正,如阻塞修正等。但是用常规洞壁干扰修正方法往往有困难,因为修正时需要用到模型的阻力等数据。如有可能,可结合测力试验结果进行修正,也可用壁压信息法进行压力分布试验的洞壁干扰修正。

4.3 翼 型 试 验

飞机的绝大部分升力是由机翼提供的,机翼的空气动力性能主要取决于机翼的剖面形状和平面形状,因此,为了正确了解各种因素对机翼气动力的贡献,在气动力研究和机翼设计过程中,往往总是将机翼的气动力剖面形状和平面形状分开来处理。假设有一个与飞机对称面平行的假想平面与飞机机翼相交,这个平面所截取得到的剖面便称为翼型。也有将垂直于机翼前沿的平面所截取的机翼剖面作为翼型来研究的。所谓翼型的气动力特性主要是指以这个翼型作为剖面的一个无限翼展机翼上的气动力,也就是单位展长上的气动力。在机翼设计时,通常是先选择基本剖面翼型,然后再确定机翼的平面形状,必要时再回头过来协调沿翼展方向翼型的配置和扭转。翼型的气动力特性对飞行器的性能有很大影响,因此可以说翼型不仅是机翼设计的基础,也是飞机设计的基础,因为除了机翼以外,飞机的水平尾翼、垂直尾翼、螺旋桨叶片和直升机旋翼的设计都有赖于翼型的气动力性能。

翼型试验的最大便利之处是其模型制作相对简单,但其二元流动的模拟和气动力的测量并不像想象的那样简单。

4.3.1 建立二元流动的方法

翼型试验分测力试验、测压试验和流动观察试验。建立二元流动并进行翼型试验大体有以下三种基本方法。

1. 端板法

这种方法的思路是按照给定的翼型制作一段等直机翼,为了在机翼表面维持二元流动,在翼段两端分别加上一个端板,以期机翼附着涡终止于端板,在理论上实现无限翼展,进行气动力测量。基于这样的考虑,端板似乎越大越好。但端板一大,端板自身阻力的扣除是一大问题,而且无论端板怎样大都难达到无限翼展的二元效果。有研究认为,对于一个展弦比已经达到 3 的翼型模型,在翼段两端各安装一个高度为模型弦长 3 倍的大端板,其流动情况与无限翼展相去甚远,其有效展弦比也不过 8.3 左右,升力线斜率因此也要比无限翼展情况低 20%。

2. 二元插入段

二元插入段似乎是端板法端板尺寸进一步增大所达到的极限,这时候端板在风洞中已经“顶天立地”地将风洞试验段分成三个通道。这就带来新的问题:进行翼型试验的中间通道由于有模型且模型的攻角还要发生变化,三个通道的阻塞不同因而流速不同。

3. 二元试验段

将二元插入段两边的通道取消而只保留中间通道,这就是二元风洞(试验段)的基本思想。一般而言,经典的二元试验段的高宽比多在 2.5~4 之间。

4.3.2 翼型试验

有了二元试验段,对翼型模型实施测力有一些结构问题需要解决。首先,为了实现翼型模型的攻角控制,通常要在试验段的两个侧壁上设置一对精确同步的转盘或类似机构;其次,翼型模型两端与侧壁(转盘)之间必须始终保留有间隙,以防止非翼段上的气动力进入天平,这个缝隙又不可太大,缝隙一大,三元效应将不可避免地出现。最后,即使同步问题和缝隙问题都得到很好的解决,由于洞壁边界层的干扰及其在翼型模型端部的发展使二元流动模拟和气动力的测量更加复杂,尤其是翼型模型展弦比不大时,这个问题就更加严重。如果这个二元风洞是直流式的话,还有转盘密封的问题需要解决。

考虑到洞壁边界层对翼型模型的干扰影响主要集中在翼型模型的两端,因而就衍生出一种新的翼型风洞试验方案:将翼型模型沿展向分成三段,段与段之间并无实质性连接,试验时只对中间段实施测力,两侧的翼段跟随中间翼段同步改变攻角而不参加测力,任其承受侧壁边界层的影响。采用这种方法时,翼型模型的展弦比不会很小。

既然翼型的测力试验这样困难,人们很自然地把注意力放在压力测量方面,尤其是在各种扫描阀和计算机技术十分成熟的今天。对于翼型的升力和俯仰力矩的测量,可以采取对上下洞壁压力积分间接得出,这种方法的优点是不必对每一个翼型模型布置测压孔,缺点可能是壁面压力数值小而测量困难。

翼型风洞试验无论测力或测压,洞壁干扰都是存在的。为了能消减上下洞壁对模型的干扰,翼型模型的弦长一般不超过试验段高度的40%。

20世纪80年代,中国空气动力研究与发展中心低速所利用FL-12风洞开发了一种翼型试验的竖直全跨方法,如图4.13所示。

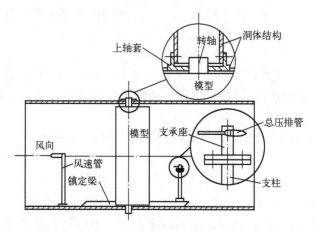

图4.13 FL-12风洞竖直全跨测压模型安装示意图

为了既能获得尽可能高的Re,又要使得翼型模型的弦长不超过风洞试验段高度的40%,同时也为了利用FL-12风洞现成的转盘,翼型模型在风洞中是竖直安装的。翼型模型的弦长选为1m,这样,在风速70m/s时其Re就达到了$4.69×10^6$。为避免侧壁边界层的影响,翼型模型的展弦比取作3,一般情况下,也只对翼型模型中剖面进行表面压力测量。

4.3.3 数据处理

设P_∞为模型远前方静压,q_∞为远前方动压,而ε为试验模型阻塞因子;将任一点的压力记作P_i,其与远前方总压P_0的差值记作ΔP_i,则相应的压力系数即可表达为

$$C_{pi}=\frac{P_i-(P_\infty-2\varepsilon q_\infty)}{q_\infty(1+2\varepsilon)}=\frac{P_i-P_0}{q_\infty(1+2\varepsilon)}+1=\frac{\Delta P_i}{q_\infty(1+2\varepsilon)}+1 \tag{4.5}$$

为求得翼剖面的升力系数C_L和绕1/4弦点的俯仰力矩系数C_m,都要对剖面压力系数进行积分计算。设c为模型弦长,α为攻角,x、y分别为弦向和垂直于弦线方向的几何坐标值,下列积分表达式可用来计算升力系数和俯仰力矩系数:

$$C_L=-\cos\alpha\int C_{pi}d\left(\frac{x}{c}\right)-\sin\alpha\int C_{pi}d\left(\frac{y}{c}\right) \tag{4.6}$$

$$C_m=\int C_{pi}\left(\frac{x_i}{c}-\frac{1}{4}\right)d\left(\frac{x}{c}\right) \tag{4.7}$$

翼型的阻力不能简单地用沿翼剖面压力积分的办法得到,因为沿翼剖面压力积分的方法至多只能获得压差阻力而不可能获得摩擦阻力。可以用压力积分的办法来求得翼型的阻力,但是使用的不是翼段表面的静压力而是模型尾迹区的总压。其基本原理是动量定理:翼型模型在风洞中受到的阻力等于模型前后两个截面上通过的气流动量变化率与两截面压力差之和。即

$$dD = (P_\infty - P_i)\,dy + \rho v_i(v_\infty - v_i)\,dy \tag{4.8}$$

式中:y 为垂直于来流速度方向的几何坐标;P_∞、P_i 分别为模型远前方和模型后尾流区某截面上的静压;v_∞、v_i 分别为模型远前方和模型后尾流区某截面上的流动速度。

经过一定的数学推导,可以得到阻力系数 C_D 的积分表达式:

$$C_D = \frac{2}{c}\int\left(\sqrt{\frac{P_{0i} - P_i}{q_\infty}} - \frac{P_{0i} - P_i}{q_\infty}\right)dy \tag{4.9}$$

式中:q_∞ 为模型远前方的动压;P_{0i} 模型后某截面上的测得的总压。

从式(4.9)可以看出,翼型的阻力测量在实际上归结为尾流区这个截面上的垂直于来流方向上逐点的总压和静压测量。测点位于翼型模型后缘下游 0.7 弦长之后。

4.4　铰链力矩试验

飞行器操纵面的转轴中心线称为铰链轴线,作用在舵面上的气动力对铰链轴线的力矩称为铰链力矩。驾驶员通过操纵系统来克服铰链力矩,改变舵面的偏角,使飞机在不同的飞行状态下飞行。因此,铰链力矩是设计飞机操纵系统的重要依据。

舵面铰链力矩受很多因素的影响,如舵面的几何外形、舵面与安定面缝隙的大小与形状等;其次,舵面位于安定面的后部,绕舵面的流动很复杂,因此铰链力矩难以准确估算。通常在风洞中进行飞机模型的铰链力矩试验,直接测定舵面的铰链力矩。

4.4.1　试验方法

通常在测量铰链力矩的同时还需测量舵面的法向力以便计算压心位置。使操纵面向正方向偏转的铰链力矩为正。铰链力矩系数 C_h、舵面法向力系数 C_N 由下式定义:

$$\begin{cases} C_h = \dfrac{M_n}{qSl} \\[2mm] C_N = \dfrac{N}{qS} \end{cases} \tag{4.10}$$

式中:q 为操纵面区域的动压或自由来流动压;S 为参考面积,通常取操纵面面积或铰链轴以后的操纵面面积;l 为参考长度,通常取操纵面的平均弦长或铰链轴以后的操纵面平均弦长;M_h 为操纵面铰链力矩;N 为操纵面法向力。

铰链力矩试验的方法基本上与常规试验方法相同。铰链力矩试验有如下几个问题:其一,由于舵面比较薄,试验前难于确定舵面压力中心位置,从而给铰链力矩天平的设计带来困难;其二,采用缩比模型试验时,试验雷诺数的不同将导致舵面流态的不同,引起舵面气动力的差别;其三,缝隙模拟的差别会导致铰链力矩明显变化;其四,天平的变形会影响舵面的气动特性。通常情况下,可采用单独翼面、半模、全模试验等方式测量舵面铰链力矩。上述三种试验方法各有优劣,单独翼面试验的模型较大,甚至可用实物(如飞机的尾翼),有利于天平的设计、加工和安装,但它没有计入其他部件的干扰。半模试验方法可部分解决单独翼面试验的不足,如考虑了各部件间的干扰,不足在于无法得到模型在侧滑角状态下的铰链力矩,试验结果易受洞壁边界的影响。全模试验方法则可解决上述问题,然而全模试验时,需将天平安装在十分狭小的舵面内,天平必须设计得小巧。全模试验的不足是试验雷诺数低、缝隙影响大。

1. 试验模型

铰链力矩试验对模型的一般要求虽与常规试验一样,但对需要测量铰链力矩的舵面则有特定的要求,如转轴位置、角度(包括舵面的上反、后掠、扭转及转轴的角度)、固定面与舵面间隙(即缝隙)等。缝隙的不同会导致铰链力矩明显变化,但要精确模拟缝隙比较困难。因此,有时需进行一系列缝隙效应试验来确定缝隙的影响。通常采用大比例模型进行铰链力矩试验,缝隙问题将得以改善。

2. 天平

天平是铰链力矩试验成败的关键。由于各舵面都很薄,空间很小,这就给天平的设计和使用带来了很大的困难。从国内外高、低速风洞使用的铰链力矩天平形式来看,一般为杆式或片式结构;从测量方式来看,有单分量、两分量、三分量直至六分量等多种形式。当然,如果增加天平分量,其体积也将增大,成本也随之提高。一般要根据模型的特点和具体的试验条件,估算铰链力矩天平的载荷,设计铰链力矩天平。铰链力矩天平的设计原理与常规测力试验的应变天平相同,但因铰链力矩天平的工作条件比常规天平苛刻,而且铰链力矩天平所测的几个分量的量程相差较大,这些都给铰链力矩天平的设计增加了相当的难度。

4.4.2　试验结果的处理

因铰链力矩试验也属于测力试验范畴,故其数据处理与全模常规测力基本一致。但由于全模和半模的操纵面尺寸小,所以铰链力矩一般不进行洞壁干扰升力效应修正,仅对模型攻角、动压进行修正即可。对于单独翼面那样较大的模型,则要进行洞壁干扰修正,其方法与修正俯仰力矩的方式类似。

4.5 进气道试验

进气道是飞机和某些导弹的重要部件之一,它与发动机、尾喷管联装在一起组成整个动力装置。为了使整个动力装置能达到高性能,要求进气道能在所有的飞行状态下尽可能地减小气流流动的总压损失,保证提供发动机所必须的空气流量,要求进入发动机的气流均匀,并尽可能减小进气道的外部阻力和附加阻力。

进气道低速低湍流度风洞试验的主要内容是测定进气道的流量,计算流量系数;测定进气道的总压恢复系数;测定进气道出口截面的总压分布,计算进气道气流均匀度或畸变指数,分析进气道流场的均匀性。试验条件包括不同来流速度、不同攻角及侧滑角等。采用流量控制装置来调节和控制进气道气流流量。利用固定的总压测量排管(固定耙)或可以转动的总压测量排管(转耙)来测量需测截面的总压;同时在测量截面之周线上分布有一圈静压孔,以测得气流在此截面上的静压。为了测量进气道出口截面湍流度等动态参数,需要装动态压力传感器。有时,在同一截面可安置一些边界层测压管测取进气道内边界层特性数据。测压管路均接入压力扫描阀,与压力测量系统相关联,以实现进气道试验的自动控制和试验数据的自动测量。若在模型或其连接段上装上实际攻角组合体,则模型攻角也可采用实际角来表示。

进气道试验的目的主要在于测量进气道的静态与动态特性,以研究进气道与发动机的匹配,为进气道气动设计或改进提供有关的性能数据。这里主要讲述进气道的形式、主要性能参数、进气道性能参数测量与数据处理。

4.5.1 进气道形式

进气道布局对进气道性能有很大影响。超声速进气道按照气流的压缩形式分为皮托式、外压式、内压式和混压式,图4.14给出几种形式的进气道示意图及其激波系。皮托式进气道工作原理是超声速气流直接经正激波降为亚声速流,这种进气道存在临界、亚临界、超临界三种不同的工作状态。外压式进气道克服了皮托式进气道在大马赫数时损失过大的缺点,使自由流先经过斜激波降为马赫数较低的超声速气流,然后再经正激波降为亚声速气流。内压式进气道是一个先收缩后扩张的管道,存在着启动问题。混压式进气道的含义是既有外压又有内压,采用这种形式是为了减小外压式的外阻,同时又缓解了内压式的启动问题和不利的边界层问题。

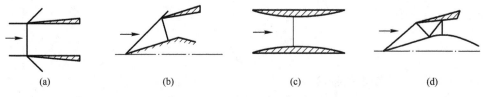

图 4.14　几种进气道形式原理图
(a) 皮托式;(b) 外压式;(c) 内压式;(d) 混压式。

亚声速进气道在飞机上的安装位置通常有头部、腹部和机身两侧三种。翼下吊舱进气道属于头部进气。

机身头部进气道的优点是进口前无损失,流场均匀,动压利用率高,外部正面阻力小,内管道弯曲程度不大,管道损失小。主要缺点是进口面积大,使前机身粗大,机身可利用空间小;当发动机部位靠后时,内管道太长,内部流动损失增大,对来流攻角变化敏感。

机身侧面进气道的内管道较短,有利于降低结构重量。由于机身和机翼的屏蔽,空气动力性能不如头部进气道。对来流攻角没有头部进气口那么敏感,但是受侧滑角的影响较大。

机身腹部进气道除了兼有侧面进气道的优点外,还有以下特点:由于进气口在机身屏蔽区内,在飞机飞行包线范围内所有的攻角和侧滑角下,都能提供较好的进口流场。

4.5.2　进气道特性参数

用以表征和分析进气道工作特性的性能参数为流量系数 φ、总压恢复系数 σ、进气道出口畸变指数、进气道阻力等。

1. 流量系数

进气道流量系数定义为实际进入进气道的空气流量与以远前方气流流经入口截面的空气流量之比,即

$$\varphi = \frac{\rho_i v_i A_i}{\rho_\infty v_\infty A_i} = \frac{A_\infty}{A_i} \tag{4.11}$$

式中:A_∞ 为进入进气道的自由流管截面积;A_i 为进气道入口的捕获面积。A_∞、A_i 均指垂直于自由流方向的截面积,故流量系数等于进入进入道的自由流管面积与进气道进口的捕获面积之比。这里所讲的捕获面积是指进气道前缘周线所围成的面积在垂直于气流的平面内的投影面积。

2. 总压恢复系数

总压恢复系数定义为进气道出口截面气流平均总压与入口前自由流总压之

比,即

$$\sigma = \frac{\overline{P}_{02}}{P_{0\infty}} \tag{4.12}$$

3. 进气道出口畸变指数

畸变是指进气道出口截面上气流总压、总温的不均匀分布。衡量其不均匀度的指标称为畸变指数。总压和总温的不均匀分布分别称为总压畸变和总温畸变。畸变一般又随时间变化,故有在一段时间内取其平均值的稳态畸变和考虑其脉动性质的动态畸变。在低速进气道试验中,主要研究稳态总压畸变,但也常对动态畸变进行测量。稳态总压畸变的畸变指数通常采用如下两个定义:

(1) 均匀度 $\overline{D}$,是进气道出口截面气流总压 P_{02} 的最大差值与进气道出口截面气流总压的平均值 $\overline{P}_{02}$ 之比,即

$$\overline{D} = \frac{P_{02\max} - P_{02\min}}{\overline{P}_{02}} \tag{4.13}$$

(2) 畸变指数 $DC_{\theta_{cr}}$ 有多种定义,其中之一为进气道出口截面临界畸变角所对应扇形平面内平均总压的最小值 $\overline{P}_{02\theta_{cr}\min}$ 与进气道出口截面平均总压 $\overline{P}_{02}$ 之差同进气道出口截面平均动压 $\overline{q}_2$ 之比,即

$$DC_{\theta_{cr}} = \frac{\overline{P}_{02\theta_{cr}\min} - \overline{P}_{02}}{\overline{q}_2} \tag{4.14}$$

均匀度 $\overline{D}$ 主要反映了进气道出口截面气流的畸变强度或不均匀度;而畸变指数 $DC_{\theta_{cr}}$ 不仅反映了畸变强度,还考虑了进气道出口气流速度的大小和低压区范围,着重反映了进气道出口截面的周向畸变,这种沿周向气流的不均匀性对发动机的工作特性影响很大。

4. 进气道阻力

进气道阻力是作用在进气道内、外表面上沿气流方向投影的合力。通常被分为内部阻力(流经进气道内部气流所产生)和外部阻力(流经进气道外部气流所产生)。把阻力减至最小是进气道设计时的基本要求。

以上主要性能参数是分析进气道工作情况和设计进气道时需要掌握的,因此风洞试验也就围绕测定以上参数来进行。

4.5.3 进气道性能参数测量与数据处理

1. 总压恢复系数

进气道入口自由流的总压 $P_{0\infty}$ 就是风洞试验段的总压,可以通过用压力传感

器测量风洞稳定段的总压 P_0 求得,即 $P_{0\infty} = P_0(1-K')$。通常总压损失系数 $K' < 1\%$,因此可以取 $P_{0\infty} = P_0$。进气道出口截面上的总压 P_{02} 由总压排管和压力传感器测得。其平均总压 $\overline{P}_{02}$ 可用算术平均法、面积平均法和流量平均法计算。

1)算术平均法

$$\overline{P}_{02} = \frac{\sum\limits_{i=1}^{n} P_{02i}}{n} \tag{4.15}$$

式中:n 为测量点数;P_{02i} 为第 i 个测压管所测的总压。

2)面积平均法

将测压排管所在截面划分为以测压点为中心的若干个面积单元(如 N 个同心圆环),则

$$\overline{P}_{02} = \frac{\sum\limits_{i=1}^{N} \overline{P}_{02j}\Delta A_j}{\sum\limits_{j=1}^{N} \Delta A_j} \tag{4.16}$$

式中:ΔA_j 为第 j 个单元面积,如 $\Delta A_j = \pi(R_j^2 - R_{j-1}^2)$;$N$ 为划分面积单元的总数;$\overline{P}_{02j}$ 为第 j 个面积单元中各测压管所测的总压的算术平均值。

3)流量平均法

将测压排管所在截面划分为以测压点为中心的 N 个面积单元,截面上的总压按流量求平均值。通过第 j 个面积单元的流量 ΔG_j 为

$$\Delta G_j = m \frac{\overline{P}_{02j}\Delta A_j}{\sqrt{T_0}} q(\lambda_j) \tag{4.17}$$

式中:$q(\lambda_j)$ 为第 j 个面积单元的流量函数,可以由截面上的平均静压和第 j 个面积单元的平均总压之比求得。

由此可得按流量平均的平均总压之比为

$$\overline{P}_{02} = \frac{\sum\limits_{j=1}^{N} \overline{P}_{02j}\Delta G_j}{\sum\limits_{j=1}^{N} \Delta G_j} = \frac{\sum\limits_{j=1}^{N} (\overline{P}_{02j})^2 \Delta A_j q(\lambda_j)}{\sum\limits_{j=1}^{N} \overline{P}_{02j}\Delta A_j q(\lambda_j)} \tag{4.18}$$

2. 流量系数

通过测量试验段的来流静压 p_∞、总压 $p_{0\infty}$、总温 T_0 以及进气道的入口面积 A_i,就可以计算出来流的速度系数 λ_∞,从而算得进气道的参考流量 $G = m\rho_{01} A_i q(\lambda_\infty)/\sqrt{T_0}$。

进气道实际流量 G_i 应在试验中测量,根据流量的大小和精度的要求,可以采用以下三种不同的方法:

1) 测压法

通过总压排架测总压和由进气道侧壁静压孔测静压,然后计算流量和比例系数:

$$
\begin{cases}
G_i = m \dfrac{\displaystyle\sum_{j=1}^{N} \overline{P}_{02j} \Delta A_j q(\lambda_j)}{\sqrt{T_0}} \\[4mm]
\varphi = \dfrac{G_i}{G} = \dfrac{\displaystyle\sum_{j=1}^{N} \overline{P}_{02j} \Delta A_j q(\lambda_j)}{P_{0\infty} A_i q(\lambda_\infty)}
\end{cases}
\tag{4.19}
$$

2) 尾喉道声速截面法

在设计进气道模型时,使调节锥处气流通道面积为最小截面,称为尾喉道。若尾喉道已处于临界压力比以上,则此处必为声速截面。故

$$
G_i = m \frac{P_{0t} A_t}{0.5283 \sqrt{T_0}}
\tag{4.20}
$$

式中:A_t 为尾喉道面积;P_{0t} 为尾喉道处总压;P_t 为尾喉道处静压。

因尾喉道处有边界层,实际流通面积比 A_t 要小,故此法求 G_i 应校正。

3) 流量孔板测量法

对小流量测量用孔板校准,只需测量标准孔板前后压力 P_1 和 P_2,孔板前空气密度 ρ_1,孔板直径 d,孔板流量系数 a,气流膨胀校正系数 ε,即可按下式计算流量

$$
G_i = a\varepsilon \frac{\pi d^2}{4} \sqrt{2 g \rho_1 (P_1 - P_2)}
\tag{4.21}
$$

3. 进气道出口截面流场均匀度

比较方便的试验方法是用一可旋转的总压排管测量进气道出口截面直径 95% 范围内的总压分布,从中挑出最大值和最小值,然后按式(4.13)计算均匀度 $\overline{D}$。在计算畸变指数 $DC_{\theta_{cr}}$ 时,则将每隔一定角度(如 15°)所测总压,按径向加以平均,从而得到径向平均总压沿周向(0°~360°)的分布值,再按 60° 扇形范围求径向平均总压的平均值 $\overline{P}_{060}$,从中选出其最小值 $P_{060.min}$,按式(4.14)计算 DC_{60}。

4. 阻力特性

进气道的阻力可以直接用天平测量。按天平本身的形式和在模型上安装位置的不同,又可分为中心杆式天平法、挂式天平法和环式天平法等。进气道阻力也可以只通过测定模型压力分布而计算求得。其数据处理的原理为动量定理,即作用

在模型上的力等于流入和流出进气道气体的动量差。

5. 载荷分布

通常在进气道模型内外壁面上沿轴向和周向开一系列测压孔来测量其静压分布,以便提供结构设计所需要的载荷分布。

6. 喘振点

一般认为喘振是由于进气道壁面上边界层的分离或入口波系相交所产生的涡面进入进气道引起的。喘振时进气道内气流剧烈振荡。试验时可用脉动压力传感器测量气流压力,当脉动压力的频率和幅值出现大幅度变化时,即为喘振开始点,同时还可配以纹影观察,喘振发生时原来清晰的波系会变成一片模糊。

4.6 喷流试验

现代战斗机、大型运输机、轰炸机、火箭与导弹、卫星、飞船和航天飞机等飞行器,都分别装有涡轮喷气发动机、涡轮风扇发动机、火箭发动机等,发动机的喷流直接影响飞行器有关部件周围的流场,从而影响飞行器的稳定性、操纵性、升力、阻力及舵面效率等气动力特性。在飞行器设计过程中所进行的大量常规风洞试验,一般都不模拟喷流试验。由于真实发动机的尾喷流存在膨胀变形、喷流引射、热流干扰及动量交换等现象,常规风洞试验采用整流堵锥的方法不可能模拟喷流效应。因此,在型号设计中,必须进行喷流试验。通过喷流试验,确定喷流对飞行器气动特性的影响,修正常规风洞试验数据;充分利用喷流的有利干扰,优化飞行器的气动布局设计,以减小飞行器阻力,提高飞行器的操纵品质,合理地确定发动机和尾喷管的位置、尾喷管的形式及尺寸等。

4.6.1 喷流试验装置

喷流试验的模型外形和常规试验的模型相同,但其结构要比常规模型复杂,并且后机身的形状、模型的发动机尾喷管、机尾罩等的几何尺寸及它们之间的相对位置都要和实物几何相似。模型的结构取决于模型的支撑方式、所用天平的类型和高压空气的通气方式。模型内要有与喷流接头相通的贮气罐作为喷流的稳压室,高压空气从气源经过管路、阀门通入模型的空心支杆,再进入喷流接头、稳压室,最后从模型尾喷管喷出。一种常用的采用外式天平测力的低速低湍流度风洞喷流试验模型安装示意图如图 4.15 所示。在低速低湍流度风洞中进行喷流模型测力试验,关键问题是怎样把高压气通到模型喷管中去而又不会对测力天平产生干扰。根据模型不同的支撑方式和采用不同类型的天平,通常的做法是采用胶管、波纹管、迷宫盘(图 4.16)、空气轴承和空气桥等。对于使用机械天平的测力试验,采用迷宫盘和空气轴承能较好地满足要求。

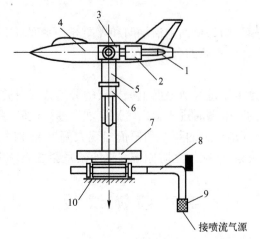

图 4.15 低速喷流试验安装示意图

1—喷管;2—稳压室;3—喷流接头;4—模型;5—通气天平接头;6—空心支杆;
7—天平龙门架;8—套筒;9—通气管;10—空气轴承体。

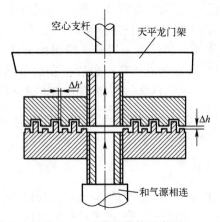

图 4.16 迷宫盘结构示意图

4.6.2 相似参数

为了使风洞试验的模型喷流与飞行器喷流流动完全相似,根据相似理论要求,两个流动现象的单值条件相同以及有关此现象的所有物理量组成的相似参数相等。皮恩德佐拉根据对喷流的结构及其特性的理论分析和试验研究结果,提出了实现模型喷流与飞行器喷流完全相似必须保持相同的相似参数,见表 4.1。

表 4.1 喷 流 相 似 参 数

喷流特性	相似参数	
	一般形式	实现全尺寸未扰流和喷流静压比模拟下的简化形式
静止介质中的喷流边界	$\left(1-\dfrac{p_\infty}{p_j}\right)\dfrac{\beta_j}{\gamma_j Ma_j^2}$	$\dfrac{\gamma_j Ma_j^2}{\beta_j}$
运动介质中的喷流边界	$\left(\dfrac{p_j-p_2}{p_2-p_\infty}\right)\dfrac{p_\infty \beta_j \gamma_\infty Ma_\infty^2}{p_j \beta_\infty \gamma_j Ma_j^2}$	$\dfrac{\gamma_j Ma_j^2}{\beta_j}$
透射激波	$\dfrac{p_j \beta_\infty \gamma_j Ma_j^2}{p_\infty \beta_j \gamma_\infty Ma_\infty^2}$	$\dfrac{\gamma_j Ma_j^2}{\beta_j}$
喷流质量流	$\dfrac{p_j^2 \gamma_j Ma_j^2 (RT)_\infty A_j^2}{p_\infty^2 \gamma_\infty Ma_\infty^2 (RT)_j S^2}$	$\dfrac{\gamma_j Ma_j^2}{(RT)_j}$
喷流动能	$\dfrac{\gamma_j Ma_j^2 (RT)_j}{\gamma_\infty Ma_\infty^2 (RT)_\infty}$	$\gamma_j Ma_j^2 (RT)_j$
喷流内能	$\dfrac{(\gamma_\infty-1)(RT)_j}{(\gamma_j-1)(RT)_\infty}$	$\dfrac{(RT)_j}{\gamma_j-1}$
喷流内焓	$\dfrac{(\gamma_\infty-1)\gamma_j(RT)_j}{(\gamma_j-1)\gamma_\infty(RT)_\infty}$	$\dfrac{\gamma_j(RT)_j}{\gamma_j-1}$
喷流动量	$\dfrac{p_j \gamma_j Ma_j^2 A_j}{p_\infty \gamma_\infty Ma_\infty^2 S}$	$\gamma_j Ma_j^2$
喷流推力	$\dfrac{A_j}{\gamma_\infty Ma_\infty^2 S}\left[\dfrac{p_j}{p_\infty}(1+\gamma_j Ma_j^2)-1\right]$	$\gamma_j Ma_j^2$
喷流噪声	$\dfrac{p_\infty \gamma_j^4 Ma_j^8 A_j (RT)_j^4}{\gamma_\infty^{5/2}(RT)_\infty^{7/2}}$	$\gamma_j^4 Ma_j^8 (RT)_j^4$

　　表中 $\beta=\sqrt{Ma^2-1}$;Ma 为马赫教;γ 为喷流比热比;p 为压强;p_2 为喷流出口膨胀后的边界上的压强;A 为喷流出口截面积;S 为飞行器的参考面积;R 为气体常数;T 为温度;下标 ∞ 为自由流参数;下标 j 为喷流参数。

　　试验与理论研究表明,在喷流模型与飞行器几何相似的条件下,喷流试验主要应模拟的相似参数是 Ma_∞、Ma_j、p_j/p_∞、γ_j 以及 $(RT)_j/(RT)_\infty$。一般喷流试验采用冷空气作喷流介质,可保证 Ma_∞、Ma_j、p_j/p_∞ 三个相似参数与飞行器喷流相同,而 γ_j 和 $(RT)_j$ 却与飞行器喷流不相同(若要相同,也可选用如 $14\%H_2+29\%CO_2+57\%C_2H_6$ 的混合气体作喷流介质或进行热喷流试验)。如果用冷空气为模型喷流介质,所导致的模型与飞机涡轮喷气差别对喷流特性的影响尚不太严重,故对飞机发动机喷流介质的风洞试验,一般都采用冷空气作喷流介质。但对于冲压发动机和火箭发动机喷流,通常需作热喷流试验。

低速低湍流度风洞的喷流试验,主要是研究在起飞着陆状态下发动机喷流对飞机气动特性的影响,特别是对平尾效率和纵向静稳定性的影响。在低速情况下,发动机尾喷流对飞机气动特性的影响,除了喷流对飞行器及其部件的直接作用外,主要是喷流的位移效应和引射效应。位移效应又称体积效应或自由边界效应,主要和喷流出口后的膨胀形状有关。喷流的膨胀形状主要取决于发动机尾喷口处喷流的总压 p_{0j} 与喷口外自由流静压 p_∞ 之比。而喷流的引射作用,主要取决于喷口处喷流的速度 V_j 与自由流速度 V_∞ 之比。图 4.17 为喷流与外流相互干扰的示意图。

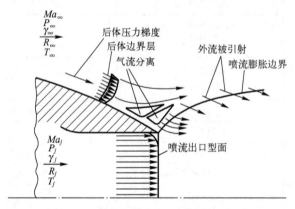

图 4.17　喷流与外流相互干扰的示意图

如前所述,试验时要保证所有的相似参数相同是不可能的,但必须满足主要相似参数。目前在低速低湍流度风洞中进行冷喷流试验,在试验模型与真实飞行器(包括它们的尾喷管、机尾罩等)几何相似的条件下,常用的模拟参数有落压比 p_{0j}/p_∞、速度比 V_j/V_∞ 和动量系数 c_μ。

1. 落压比

喷流出口总压 p_{0j} 与自由流静压 p_∞ 之比满足

$$\left[\frac{p_{0j}}{p_\infty}\right]_m = \left[\frac{p_{0j}}{p_\infty}\right]_a \tag{4.22}$$

式中:下标 m 表示模型试验参数,a 表示实际飞行器参数。

2. 速度比

喷流出口速度 V_j 与自由流速度 V_∞ 之比满足

$$\left[\frac{v_j}{v_\infty}\right]_m = \left[\frac{v_j}{v_\infty}\right]_a \tag{4.23}$$

在风洞试验中,不同落压比虽然也反映了不同速度的影响,但由于模型试验通常采用冷喷流,其$(RT)_j$比实物的小,因而模拟落压比后,$(v_j)_m < (v_j)_a$。所以要满足速度比相等,必然$(v_\infty)_m < (v_\infty)_a$。试验时的风速应按模拟关系换算,即

$$(v_\infty)_m = \frac{(v_j)_m (v_\infty)_a}{(v_j)_a}$$

3. 动量系数

模型试验的动量系数与实际飞行器的动量系数要相等,即

$$(c_\mu)_m = (c_\mu)_a \tag{4.24}$$

动量系数的定义为

$$c_\mu = \frac{m_m v_j}{q_\infty S} = \frac{\rho_j v_j^2 A_j}{(1/2)\rho_\infty v_\infty^2 S}$$

式中:m 为喷流出口的质量流量(kg/s);ρ 为气体密度(kg/m^3);q 为动压。

喷流的落压比决定喷流的流动状态。在低速低湍流度风洞进行喷流试验时,模拟了落压比,也就模拟了喷管出口的 Ma 数、喷流的边界和喷管单位面积上的推力,所以落压比通常是首先要保证模拟的参数。但在试验为冷喷流的情况下,模拟了落压比和动量系数,就不可能同时再模拟速度比;若模拟了落压比和速度比,也就不可同时再模拟动量系数。通常(例如在飞机的起飞、着陆状态)可首选落压比和动量系数同时模拟。当风洞试验达不到全尺寸来流动压的条件下,可用同时模拟落压比和速度比进行试验。风洞试验结果表明,对一般的喷流试验来说,模拟落压比和速度比的试验结果与模拟落压比和动量系数的试验结果比较接近,而单纯只模拟速度比或动量系数,试验结果相差甚远。因此,喷流试验若单纯模拟速度比或动量系数是不恰当的。

4.7 马格努斯力试验

马格努斯效应,指物体在横向流中旋转时,在垂直于来流的平面中产生侧向气动力的现象。弹体在横向流中旋转时,边界层非对称增厚,对称弹翼因旋转而形成的非对称流动等,都可能引起这种效应。

4.7.1 试验方法

本试验的基本要求是使模型高速旋转并同时测量模型的气动力。典型的试验方式是将模型经轴承(精密轴承或气体轴承)支承在四分量天平上。在模型内部装电机或气体涡轮以驱动模型高速旋转(也可通过翼面偏转提供驱动力矩)。模

型转速及所受气动力分别由转速计及天平记录。

从驱动方式来看,用电机驱动可得到同一转速、不同攻角,或同一攻角不同转速的数据。电机驱动的另一好处是不会对尾流产生干扰。然而,由于所需驱动功率很大,电机发热严重。另外,电机电源线及散热管路必须足够柔软,以免造成额外的侧向载荷。用气体涡轮驱动,其尺寸、质量均可比电机小,也无额外的管路连接,不会带来额外的侧向力,但为避免涡轮喷气对底部流动的干扰,测量往往只能在驱使模型达到一定转速后,切断涡轮气源,在模型转速衰减过程中进行。

马格努斯效应试验测试技术的另一关键部件是轴承支承系统。由于轴承转速高达 10 万 r/min 以上,模型还承受较大的法向载荷,因此应十分重视轴承的润滑和散热。为解决以上问题,除选用合适的精密轴承外,气体轴承是较理想的支承,它可使转速提高到每分钟几十万转。由于用气体润滑,还能改善散热条件。

4.7.2 试验模型

马格努斯效应测力模型的主要特点是试验时高速旋转,并保证无因次转速 $\omega_x D/2v_\infty$ 与飞行状态的相等(其中: ω_x 为模型绕 x 轴的转速; D 为参考长度,对单独弹体取弹径,对组合体取全展长)。这一相似准则保证了在几何相似的弹体上对应点处的圆周速度与来流速度之比相等,或者说气流的"螺旋角"相等。由于风洞尺寸的限制,试验模型要比真实飞行器小,这就要求试验模型转速大于真实飞行器的转速。由于这一特点,对模型(包括轴承)设计、制造、装配以及试验本身都提出了更高的要求。模型必须连接牢固、配合紧密、旋转自如又要防止松动。另外还要求模型质量小、刚度好、粗糙度低。试验前必须进行严格的动平衡配平。动平衡的要求可以用不平衡力矩的大小(即转动物体的质量 m 与许用偏心距 e 的乘积 me)来表示。e 的大小根据模型转速 ω_x 确定。对风洞模型试验应要求 $e\omega_x < 4 \sim 10\text{mm/min}$。例如,对组合体模型($\omega_x = 2000\text{r/min}$)则允许偏心距为 $2 \sim 4\mu\text{m}$。而对单独弹体模型($\omega_x = 2000\text{r/min}$),则仅允许 $e < 0.2\mu\text{m} \sim 0.4\mu\text{m}$。试验马赫数较低时,$e$ 值可取大些。

此外,模型的高速旋转对天平及支杆的强度、刚度也提出了更高的要求。模型的材料为铝和钢,以便保证模型有足够的强度和尽可能小的质量。

由于马格努斯效应是产生在侧向平面内的力与力矩,其比法向力与力矩要小一两个量级。这就要求天平不但能承受高的法向载荷,还能对小的侧向载荷有足够的灵敏度。为此,可将天平元件设计成偏心梁形式。天平在弯曲时,天平元件还承受第二弯矩,使之相当于力学放大器的作用。为进一步提高元件灵敏度,可用半导体片代替普通电阻丝片,使灵敏度提高近百倍。但半导体片温度系数甚高,在组成电桥过程中,必须加以温度补偿,以消除温度效应。

4.8　颤　振　试　验

颤振试验在气动弹性稳定性研究中占有十分重要的地位。颤振是飞行器在飞行中出现的负阻尼结构振动,是空气动力、质量力和结构刚度之间相互作用的结果。由于颤振的频率一般较高,甚至在飞行员作出反应前结构已遭破坏,因此在飞行包线内必须避免发生。颤振研究在新飞行器设计开始时就要进行,在整个飞行器的研制过程中要经历几个阶段,从初步计算到非定常气动力风洞试验,缩尺模型地面试验,风洞颤振试验,全尺寸飞行器地面振动与刚度试验,直到飞行颤振试验等,才能最后确定颤振边界。

颤振试验的目的是测定模型的颤振临界速度和颤振频率,并判断颤振模态。其试验成败的关键是试验用的模型。试验用模型必须模拟真实飞行器的三个基本特性,即结构的刚度分布、气动外形和质量分布。要全满足这三个特性往往是很困难的,所以不得不作些简化,试验中总是视试验情况而有所侧重。

在风洞试验前模型还应做大量的地面试验,包括:①静力试验。检验模型的结构刚(强)度值是否满足要求,在受载情况下会不会解体。②自振频率和振动形态的测定。这就是通常所说的地面振动试验。振动试验的主要任务是将计算结果和试验所得的振动频率和形态进行比较,以校核模型的质量和刚度特性。在一般情况下,对任何一激励的响应是结构所有主形态的叠加。为单独测定某些形状及频率,必须很仔细地选择激励力的形式及其作用部位。如果在不大频率间隔内出现两个或更多的振动形态,单独确定各形态特性将变得异常困难,特别是在结构阻尼很大的情况下,这一点变得特别突出。在这种情况下,主要的问题将是分离各种形态。

在完成地面试验后,模型还应进行风洞试验。低速低湍流度风洞试验时,往往通过增加流速直到接近颤振点;高速时,采用固定 Ma 而增加总压的办法来逼近颤振点。对结构复杂、造价昂贵的模型,为避免接近颤振点而破坏,往往不直接测颤振点,而是通过逐步增加流动强度的试验方法来逼近颤振点,从而达到预测颤振边界的目的,此种方法通称亚临界方法。为测量相应振型的频率及阻尼,可以用不同的方法激振模型并测量其响应,如自由振动法、脉冲激振法、简谐激振法、扫描激振法以及利用气流随机脉动来激振模型的随机激振法等。自由振动和脉冲激振法是最简单而容易实现的方法,但误差大,得到的信息少。简谐激振法是通过逐步改变激振频率,以求得不同振型的共振频率及相位关系。扫描激振法及随机激振法可分析各种不同振型的特性,抗噪声干扰能力较强。

4.9 动导数试验

在设计飞行器导航系统和控制系统以及对其进行动态品质分析时,需要飞行器的动导数数据。飞行器的动导数直接影响飞行品质,特别是影响到飞行器的机动飞行或急操纵时的飞行品质。现代战斗机和导弹飞行包线的扩展,包括大攻角和带侧滑情况下的机动飞行,使得人们对动稳定性研究更加重视。主要原因是在这种飞行条件下出现的非定常流动现象会对飞行器的动稳定性产生强烈影响,要预测在此条件下飞行器的动态特性,就必须获取其动导数。

4.9.1 试验原理

动导数试验常用的方法有风洞模型自由飞、自由振动法和强迫振动法。这里仅介绍使用较多的振动法的基本原理。

1. 自由振动法

自由振动法试验装置如图4.18所示。模型在其质心处由十字交叉弹簧片支承,弹簧片上贴有电阻丝应变片,用以测量模型振幅。在模型后部装有强迫模型产生初始角位移的推杆机构。试验时,风洞流场建立后,用推杆使模型偏离平衡位置 θ_0 角,然后放开模型,模型在弹性力和气动力作用下做减幅自由振动。根据达朗贝尔原理,在任一瞬间作用在系统上的各种力矩,即机械阻尼力矩、弹簧恢复力矩、气动静力矩、气动阻尼力矩和惯性力矩等应该平衡。

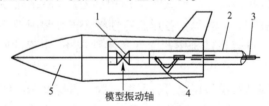

图 4.18　自由振动法试验装置示意图

1—交叉弹簧片(用电阻丝片测位移);2—支杆;3—推杆;4—强迫位移机构;5—模型。

吹风时,模型的振动微分方程具有如下的齐次形式:

$$J_z \frac{d^2\theta}{dt^2} + (D - M_{\dot{\theta}}) \frac{d\theta}{dt} + (K - M_\theta)\theta = 0 \tag{4.25}$$

式中:J_z 为模型绕旋转轴的转动惯量;θ 为振动角位移;$\frac{d\theta}{dt}$,$\frac{d^2\theta}{dt^2}$ 为振动角速度和角加速度;$D\frac{d\theta}{dt}$ 为振动系统的机械阻尼力矩;$M_{\dot{\theta}}\frac{d\theta}{dt}$ 为气动俯仰阻尼力矩;$M_\theta\theta$ 为气动

俯仰恢复力矩;$K\theta$ 为弹性铰链的恢复力矩,K 为弹性铰常数。

此方程的边界条件如下:

当 $t=0$ 时,$\theta=\theta_0$,$\dfrac{\mathrm{d}\theta}{\mathrm{d}t}=0$,而其解为

$$\theta=\frac{\theta_0}{\cos\phi}\mathrm{e}^{-\mu t}\cos(\omega t+\varphi) \qquad (4.26)$$

式中:$\mu=\dfrac{D-M_\theta}{2J_z}$ 为阻尼系数;$\omega^2=\dfrac{K-M_\theta}{J_z}-\left(\dfrac{D-M_\theta}{2J_z}\right)^2$ 为圆频率;$\varphi=-\arctan\dfrac{\mu}{\omega}$ 为相位角。

令 $T=2\pi/\omega$ 为振动周期,则 $f=1/T$ 为振动频率。设 θ_m 和 θ_n 分别是释放后经过 m 和 n 周振动的振幅值(其中 m 和 n 取为正整数),则

$$\theta_m=\frac{\theta_0}{\cos\varphi}\mathrm{e}^{-\mu mT}\cos(m\omega T+\varphi)=\frac{\theta_0}{\cos\varphi}\mathrm{e}^{-\mu mT}\cos\left(\frac{2\pi}{T}mT+\varphi\right)=\theta_0\mathrm{e}^{-\mu mT} \qquad (4.27)$$

同理

$$\theta_n=\theta_0\mathrm{e}^{-\mu mT}$$

则对数衰减率为

$$\ln\frac{\theta_m}{\theta_n}=-\mu T(m-n)=-\frac{D-M_\theta}{2J_z}\cdot\frac{1}{f}(m-n)$$

吹风时的总阻尼为

$$D-M_\theta=2J_zf\frac{1}{n-m}\ln\frac{\theta_m}{\theta_n}$$

无因次化动导数为

$$C_m^q+C_m^\alpha=\frac{M_\theta}{qSb_A^2/v_\infty} \qquad (4.28)$$

在不吹风时对系统进行振动试验可求出 D、$2J_z$,吹风后可计算 M_θ。

自由振动法测动导数是一种简单而直接的办法,主要优点是模型的振动系统结构简单,记录数据方便,但其缺点是控制振幅困难,抗气流干扰能力弱,系统具有一定的固有振动频率,所以做频率影响试验也困难,只能做正阻尼试验。当阻尼导数为负时,记录的振动波形发散,气动不稳定而不能使用,也不能测量交叉耦合导数。对某些有翼的或细长比大的飞行器,由于模型尾部与尾支杆尺寸的限制,模型的振幅不能很大,量级在 1° 左右。由于气动阻尼较大,用自由振动法,振动将很快衰减。另外受到支杆的干扰,得不到好的试验结果。

2. 强迫振动法

强迫振动法是目前较常用的动导数测量法。这里只介绍单自由度的强迫振动法。模型做单自由度偏航振动时,运动方程为

$$J_y \frac{\mathrm{d}^2 \psi}{\mathrm{d}t^2} + \left[D - (n^r + n^\beta) \right] \frac{\mathrm{d}\psi}{\mathrm{d}t} + (K - n^\beta)\psi = Me^{jrt} \tag{4.29}$$

式中:J_y 为模型绕 y 轴的转动惯量;n 为偏航力矩;$D\dfrac{\mathrm{d}\psi}{\mathrm{d}t}$ 为振动系统的机械阻尼力

矩;$(n^r + n^\beta)\dfrac{\mathrm{d}\psi}{\mathrm{d}t}$ 为气动阻尼力矩;$K\psi$ 为气动系数的弹性恢复力矩;$n^\beta\psi$ 为气动恢复

力矩;ψ 为瞬时偏航角位移;Me^{jrt} 为外加力矩;r 为偏航振动的角速度(圆频率)。

可以求出特解,即

$$\psi = \psi_0 e^{j(rt - \theta)}$$

式中:ψ_0 为最大偏航角位移;θ 为外加力矩和角位移之间的相位角。

而

$$\frac{\mathrm{d}\psi}{\mathrm{d}t} = jr\psi_0 e^{j(rt - \theta)}$$

$$\frac{\mathrm{d}^2 \psi}{\mathrm{d}t^2} = -r^2 \psi_0 e^{j(rt - \theta)}$$

代入方程得

$$\psi_0 \left\{ -J_y r^2 + j\left[D - (n^r + n^\beta) \right] r + (k - n^\beta) \right\} = Me^{j\theta} = M\cos\theta + jM\sin\theta \tag{4.30}$$

由等式两端的虚部相等得

$$n^r + n^\beta = D - \frac{M\sin\theta}{r\psi_0} \tag{4.31}$$

由等式两端的实部相等得

$$-J_y r^2 + (K - n^\beta) = \frac{M\cos\theta}{\psi_0} \tag{4.32}$$

如果试验测得外力矩 M、角位移 ψ_0、相位角 θ 以及角速度 r,即可算出气动阻尼力矩和恢复力矩。

类似原理也用来测量飞行器滚转的气动阻尼力矩。

4.9.2　试验技术

动导数测量试验与静态试验不同之处,就是要使试验模型运动,因此模型的支承和使其运动的机构很重要,为此采用了一些特殊技术。

1. 气浮技术

由于动导数是从吹风试验值中扣除无风机械阻尼的差值,而机械阻尼受温度、固定状况等影响颇大,在高马赫数时飞行器翼面和展弦比小,机械阻尼所占比例大,甚至大于待测的气动量。对于某些特殊外形物体,如短钝物体(飞船返回舱类

86

型)，气动阻尼值很小，如果机械结构阻尼过大，则测量气动阻尼导数误差较大，因此减小设备的机械阻尼是气动稳定性风洞试验努力的目标。早期用弹性铰或普通机械轴承支撑模型，现在采用气体静压轴承的气浮技术，它可以使机械阻尼减小到原来的1%以下。根据不同的机械及运动要求，使用了轴颈轴承、止推轴承及半球型轴承三种气浮轴承，有小孔节流、狭缝节流及多孔介质节流三种形式。

2. 内式激振及作动技术

为了使模型运动，常见的有外激振联杆式或液压活塞式振动系统，它们的机械惯性较大，采用电磁激振器，并将作动装置放置于模型内腔中，则可减少振动惯性和所需要的激振力，并易于改变振动频率。

3. 测试技术

动导数试验中准确测量振动波形是取得试验数据的关键，主要考虑提高量化精度及减少传感器对被测运动的干扰两方面。早期使用过示波器、阻尼计及变磁阻传感器等，现在进一步发展了感应同步器、光栅码盘及光纤编码等非接触式测量方法。

4.10　火箭/导弹风载试验

火箭/导弹竖立在发射架时，受地面风的激励会引起振动，风速与振动的关系即火箭/导弹的地面风载特性。火箭/导弹地面风载试验，除了解火箭/导弹本身的风载特性外，还需了解火箭/导弹邻近结构（脐带杆）对火箭/导弹风载特性的影响。

试验的一个重要相似参数为斯特劳哈尔数 $Sr=fD/V$，f 为模型的一阶振动频率。模型中的配重可以自由调节，使试验模型可获得所需的一阶振动频率，D 是模型直径，选定风洞后，根据风洞试验段的大小，确定模型缩尺后，直径是不能改变的。V 为来流速度。另一重要相似参数为雷诺数，这一相似参数很难完全满足。一般认为超过临界雷诺数后，雷诺数效应已较平稳，但应尽量提高雷诺数，以便更准确地掌握高雷诺数特性。

4.10.1　试验方法

模型在风载作用下，在根部产生弯矩响应，贴于模型根部内壁的电阻丝片受此弯矩影响后其阻值发生变化，使由各电阻丝片组成的电桥失去平衡而输出与根部弯矩响应成正比的电压信号。输出信号经动态应变仪放大后，分三路输出。试验中，模型壁上游驻点和下游驻点之间有温差，所以应将电阻丝片和相应电桥按自补偿要求粘贴和连接，以消除温差影响。

模型振动的振幅具有随机性,所以取样时间对振动分量的最大值和均方根值产生影响。一般取样时间根据模型的振动频率确定,模型振动频率低时应适当延长取样时间。

4.10.2 数据处理

示波器输出的波形,可得到模型根部弯矩的平均值(定常值)和振动分量(非定常值)的最大值。模型的定常和非定常升力、阻力方向的弯矩系数,按下列公式确定:

$$
\begin{cases}
C_1 = \dfrac{\overline{M}_l}{qAY_A} \\[2mm]
C_m = \dfrac{\overline{M}_m}{qAY_A} \\[2mm]
C_{1,d} = \dfrac{[M_l]_{\max}}{qAL} Nr\sqrt{\zeta_l/S} \\[2mm]
C_{m,d} = \dfrac{[M_m]_{\max}}{qAL} Nr\sqrt{\zeta_m/S}
\end{cases}
\tag{4.33}
$$

式中:A 为模型迎风面积;C_1 为定常升力方向弯矩系数;$C_{1,d}$ 为非定常升力方向弯矩系数;C_m 为定常阻力方向弯矩系数;$C_{m,d}$ 为非定常阻力方向弯矩系数;L 为模型全长;$\overline{M}_l$ 为定常升力方向弯矩;$\overline{M}_m$ 为定常阻力方向弯矩;$[M_l]_{\max}$ 为非定常升力方向最大弯矩;$[M_m]_{\max}$ 为非定常阻力方向最大弯矩;N 为模型结构参数,有

$$
N = \int_0^1 \varphi^2 m \mathrm{d}(Y/L) / \int_0^1 \varphi m (Y/L) \mathrm{d}(Y/L)
\tag{4.34}
$$

其中 m 为模型单位长度质量;r 为广义细长比, $r = \left[\int_0^1 \varphi (X/L) \mathrm{d}(Y/L)\right]^{-1}$,$x$、$y$ 为分别为模型任意位置的直径和距根部距离;Y_A 为模型根部至面积中心的距离;ζ_1 为升力方向阻尼系数;ζ_m 为阻力方向阻尼系数;ϕ 为模型归一化一阶振型。

4.11 投放试验

投放模型是一种需要满足运动学相似准则的用以测定投放物与母机相互气动干扰的风洞自由飞试验模型。其用途是了解投放物与母机分离过程的运动特性(模型运动轨迹与姿态)及各部分有无碰撞现象。现代作战飞机,通常带有大量的外挂物,这些外挂物从母机上投放或发射时,其离机的初始阶段均处在复杂的干扰

流场中,使投放物和母机分离的运动特性与在均匀流场中大不相同。不良的投放分离特性不仅影响作战效能的发挥,更严重的是会危及母机的安全。为了判定外挂物从母机上投放的安全性和可靠性,通常利用模型在风洞进行外挂分离特性预测试验,以了解投放物在投放初始阶段的分离运动姿态和轨迹,分析飞机在各种攻角、侧滑角、飞行速度、飞行高度和投放物的外形、助投力及投放物在飞机上的悬挂位置等参数对投放物分离运动轨迹和姿态的影响,确定安全投放的参数范围,为飞机外挂物的布局设计和投放参数控制提供依据。动力相似模型投放试验就是在风洞里进行外挂分离特性预测试验的常用方法。

外挂投放分正常投放与应急投放。投放方式还包括弹射投放,弹射投放是为改善投放特性而施加给投放物一个弹射助投力进行的投放。

投放试验的种类除飞机机翼下或机身下所带的副油箱、各种可投武器及其挂架或发射架等常规外挂投放外,还包括舱内武器或货物从打开的腹部舱门或尾舱门的投放以及座舱盖、弹射救生之类的抛放等。投放试验不仅有对单个外挂物进行投放,也有多个外挂物的连投或齐投。

4.11.1 相似准则

为了保证模型和全尺寸投放物质心运动轨迹相似、绕质心转动的姿态相同,作用在模型和全尺寸投放物上的力和力矩应相似。投放模型的缩尺比例应与母机相同,母机缩尺比例要求翼展缩小到风洞试验段宽度的 0.7 倍以内。除了几何相似之外,风洞中投放模型还应满足下列相似条件:

$$V_M = V \sqrt{\frac{l_M}{l}} \qquad (4.35)$$

式中:V 为实物的飞行速度;V_M 为模型的试验速度;l_M 为模型的长度;l 为实物的长度。

$$m_M = m \frac{\rho_M}{\rho} \left(\frac{l_M}{l} \right)^3 \qquad (4.36)$$

式中:m 为实物质量;m_M 为模型质量;ρ 为实物飞行条件下的空气密度;ρ_M 为模型试验时的空气密度。

$$J_M = J \frac{\rho_M}{\rho} \left(\frac{l_M}{l} \right)^5 \qquad (4.37)$$

式中:J 为实物的主质心转动惯量;J_M 为模型的主质心转动惯量。

4.11.2 模型要求

除了要求模型与全尺寸投放物外形几何相似外,投放试验要做到动力相似,即投放物模型的质量、质心位置和转动惯量都必须满足动力相似的要求。为了满足相似要求,并保证模型有足够的强度,投放物模型通常采用玻璃钢、胶木、硬铝等材料制作。模型内设置铅块等作配重,并对模型的质量、质心位置和绕质心的转动惯量进行精确测量和调整。此外,为了有利于投放轨迹的拍摄、判读和结果分析,投放物模型应编有代号,表面颜色应与母机颜色有明显区别,通常投放物表面为白色,并有质心位置标记和判别滚转运动的图案。母机模型要求保持几何相似,尤其是投放物所在的局部区域。除满足一般吹风试验要求外,若采用多次曝光拍摄投放轨迹,还要求母机模型表面色调稍深(如深绿色、棕色)。如果试验需模拟助投力时,则需将助投系统的一部分(如弹射助投的作动筒、高压气电磁阀和部分通气导管等)埋设在母机模型内(其中作动筒置于挂架内),并从模型内部引出通气导管和电路接线。

4.11.3　试验方法

除座舱盖之类的抛放试验,母机模型采用常规的腹部支撑外,一般投放试验时,母机模型采用背部吊挂的方式安装在风洞试验段内,并可改变其攻角和侧滑角。外挂投放物模型常通过康铜丝和挂钩机构安装在母机模型的相应位置上,投放时启动投放控制系统,使康铜丝熔断、挂钩打开、投放物模型被释放,由多次曝光照相装置或高速摄影机拍摄投放物在模拟流场中与母机分离的运动轨迹和姿态。投放后的模型由安装在母机模型后方与下方的捕捉网捕捉和回收。

需要指出,在完成一次投放,从捕捉网上回收的投放物模型要继续使用时,应对模型状况进行检查。若明显受损,应作修复并按模拟要求对其外形、质量、质心位置和转动惯量进行检验,符合要求的才能继续用于试验。由于投放物模型容易受损坏,所以一般都要备用相应数量的模型,尤其是那些较轻的薄壳结构的投放模型。

4.11.4　试验装置

投放试验的专用设备和装置主要包括投放试验控制台、轨迹拍摄记录设备、弹射助投系统及捕捉网等。

1. 投放控制系统

投放控制系统包括康铜丝熔断控制、弹射助投控制、拍摄控制、闪光灯组闪光控制及有关保护等。控制系统的设备组成投放试验控制台,其主要功能如下:

(1) 控制康铜丝的熔断。释放单路或按任意组合的多路投放物模型,并提供投路保护。多路外挂投放时,其起投时间差可在一定范围内(如在0~99ms)根据需要选用。

（2）控制助投的高压气电磁阀的启动和关闭。

（3）控制照相机（两三台）快门动作或高速摄影机开拍。

（4）控制多次曝光闪光灯组。各闪光灯闪光时间间隔可在一定范围内（如在0～99ms）选用。

（5）面板输入有关参数，由计算机程序自动协调上述各动作，准确实施时序控制。

（6）与风洞运行操作岗位保持信号联络。

（7）由主控按钮操纵模型投放和轨迹拍摄。

2. 拍摄记录设备

拍摄记录设备主要是多次曝光拍摄装置、高速摄影机及与其有关的照相光源和背景等设施。多次曝光拍摄装置由能自动控制快门按钮的照相机和频闪光源组成。在试验段有摄影灯光连续照明情况下，频闪光源可由装于相机前的可控制转速的带缺口的转盘获得；也可不用连续照明的摄影灯光，而由闪光灯组的各个闪光灯按要求的时间间隔依次闪光获得。

3. 弹射助投系统

弹射助投系统可采用弹簧弹射机构、燃爆模拟弹、高压气弹射系统等。以常用的高压气弹射系统为例，它包括高压气源（1～15MPa）、通气导管、电磁阀、弹射作动筒及其控制系统。

4. 捕捉网

捕捉网用棉丝绳编织而成，用以回收投放物模型和保护洞内设备，试验时根据投放物模型的大小选取孔目尺寸合适的捕捉网。为有利于轨迹影像的拍摄，捕捉网应避免用白色而宜用黑色或深绿色。

4.12　自由飞试验

风洞模型自由飞试验是指按动力学相似准则，在风洞中无约束飞行条件下进行非接触式气动特性测量的试验。风洞模型自由飞试验没有支杆干扰，尤其适合于测量阻力、底部压力、多体干扰以及静、动态气动特性等。

4.12.1　模型要求

自由飞模型比常规模型的设计要求苛刻，除外形要满足气动力相似准则和几何相似准则外，还要满足运动的动力学相似准则，即模型的质量、质心相对位置、转动惯量等根据风洞动压与实际动压之比和模型缩尺比例等条件都要满足一定的关系式。

风洞自由飞试验模型可用多种材料制造,由于考虑到质量与质量分布的严格要求,通常自由飞试验模型用铝合金、塑料、泡沫塑料、木材等轻质材料制做成模型外壳,用钢、铅等重金属作配重。一般,模型分作许多部段分别设计、制造,最后再组合装配成整体模型。

根据试验内容与要求的不同,可分为自由飞测力模型、自由飞动导模型、多体分离模型、遥测尾迹模型、裙体分离模型、抛壳模型、拖椎模型、倒向稳定模型。下面分别介绍自由飞测力模型、自由飞动导模型和多体分离模型。

1. 自由飞测力模型

自由飞测力模型是一种测量气动力的自由飞模型。它是让模型在风洞中无约束地自由飞行,用高速摄影记录模型质心运动的时间历程,采用参数识别的方法提取作用于模型上的气动力系数。用得较多的是空气动力阻力系数,自由飞测力模型可避免支撑的气动干扰。

模型只满足马赫数相同准则,而雷诺数相同准则一般无法满足,这样就限制了自由飞测力模型只能用于研究那些无粘流动起主导作用的气动问题,如高超声速流中以波阻为主的阻力系数。对于模型,除外形相似之外别无运动学相似的要求,模型尺寸和质量特性完全要由风洞条件而定。

由无量纲参数关系 $T^2 qL/M$ 推导得出参数间比例关系为

$$K_M = K_T^2 K_q K_L \qquad (4.38)$$

式中:T 为模型飞越长度 L 的特征时间;L 为参考长度;q 为风洞动压;M 为模型总质量。符号 K 表示模型与实物对应状态的比值。为了使模型在风洞试验段观察区域停留时间长一点,K_M 应选大一些,以便增大 K_T 值。通常情况下取 $K_T = 1$,再由风洞试验段和观察窗尺寸选取 K_L,由关系式 $K_M = K_T^2 K_q K_L$ 确定模型质量。在试验中希望得到零攻角阻力,因此,模型释放中应尽可能保持零攻角。

2. 自由飞动导模型

自由飞动导模型是一种测量动导数 $C_{mq+\alpha}$ 的自由飞模型,它的用途是利用模型在风洞中自由飞角运动的时间历程来提取动导数 $C_{mq+\alpha}$。

要求模型满足两个空气动力学相似准则,即马赫数相同,折算频率 $K = \omega L/\tau$ 相等。通常在动导数试验中,$\omega L/\tau$ 很小,在只考虑一次项近似时,折算频率参数相同这一要求也是放松的。在这样近似条件下,模型尺寸及质量也只由风洞尺寸和试验方便来决定。

3. 自由飞多体分离模型

自由飞多体分离模型是一种观测多体分离过程运动特性的自由飞模型。其主要用途不是提取气动力系数,而是根据多体模型在风洞自由飞行中的分离过程来了解在大气中真实飞行情况下分离过程的运动特征:分离时间、分离过程中各部分有无碰撞、分离的初始条件(如各部分解锁的爆炸力等)的影响等。为了使风洞中获得分离过程与真实大气条件相似,不仅空气动力学相似,而且最大限度地满足运动学相似。

4.12.2　试验技术

从试验技术角度来看,主要工作包括模型释放技术、模型参数与检测、数据采集与处理三部分。

1. 模型释放技术

挂线释放和发射枪射出是两种常用的模型释放技术。

挂线释放法根据试验马赫数、总温等参数,将尼龙线、钢琴线或细弹簧钢丝垂直张紧于风洞上、下壁。模型固定在挂线中部并处于风洞观察窗前沿,在模型内部的张线上打一小结或刻一小缺口,造成局部应力点。在风洞流场稳定后加瞬时拉力,可在所需位置切断挂线,试验模型即向下游飞去。

挂线释放法技术简单,但由于模型只能沿下游方向经过观察窗,记录时间较短。采用发射枪释放,将模型从观察窗下游向上游发射,模型可先后两次经过观察窗,延长了观察记录时间。发射枪的动力可采用压缩空气、弹簧或炸药等,其中压缩空气动力是最常用的一种。

在一般情况下,模型可在所要求的攻角位置,由夹持结构或机械爪夹持,并与发射枪的作动活塞相连。风洞流场建立后,通常先释放夹持机构,启动高速像机或相应的高速图像记录仪,然后由作动活塞给模型以一定的动量。作动活塞可以做成方形或其他形式,以避免发射过程中模型滚转角发生变化。

用发射枪方法还能给模型提供初始轴向旋转速度。这种旋转可用许多不同方法实现,例如在发射枪腔内加来福线,使模型及夹持机构因来福线而旋转前进,以提供前进的动量与旋转动量矩。上述方法实现比较容易,但转速控制较困难。另一方法是在夹持机构内加装气动马达以驱使模型旋转,其转速由转速计检测。在发射枪出口处,还可安装压缩空气喷嘴,给模型提供偏航或俯仰初始扰动。

除挂线或发射枪方法外,将模型从试验段前上方向下抛出,或燃爆炸药将模型从固定物或母体抛出,也是可行的试验方法。

2. 模型参数与检测

自由飞试验是通过测量模型运动而取得气动数据,显然模型的质量特性(质量、质心、转动惯量等)将对模型的飞行姿态有很大影响。另外,由于自由飞试验难以完整回收模型,一项试验任务往往需用许多模型,因此模型生产的可重复性及其动特性的检测方法也必须加以重视。

模型质量可用精密天平测量,模型质心可用组合式双天平测量(一台天平测质量,另一台天平的一个臂用于提供参考点和固定平台,天平平衡点位置就是模型质心)。在校测过程中,还应用标准球、棒、圆筒进行校核,以提高校测精度。

模型转动惯量由下述方法测量:将模型固定在张紧的弹簧线上,通过测量模型弹簧系统的自振频率(或周期),换算出转动惯量。与测质心一样,系统也要用标准球、棒、圆筒进行校核。校正体的质量、一般形状或长度应与模型大致相同。模型转动惯量(I)可由校正体的转动惯量(I_c)、模型夹持器的振动周期(t_h)、校正体与夹持器的振动周期(t_{h+c})及模型与夹持器的振动周期(t_{h+m})按下式计算:

$$I = I_c \frac{t_{h+m}^2 - t_h^2}{t_{h+c}^2 - t_h^2} \qquad (4.39)$$

3. 数据采集与处理

自由飞试验数据主要通过在高速拍摄的图片上测量相对位置变化取得,高速、高分辨率、短曝光时间至关重要。高速像机、鼓轮像机及频闪光源是几种常用的仪器。为了得到满意的图片数量及质量,拍摄速率及曝光时间高到约 5000 帧/s 及几微秒量级。为在照片上给模型运动提供参考位置,通常在背景上布置由 0.25~0.5mm 直径的细线组成的网格。在同一幅照片上多次曝光的方法往往能提供更好的图像质量。当模型为非平面运动时,可以用分光方式同时在一幅照片上摄取两个不同平面的模型运动图像。

从照片上采集的数据包括模型的纵、侧向位置,姿态角及相应的时间或当量时间(照片帧数)。上述数据经过数据光滑,再经曲线拟合,并选取合适的参数估计方法,求得各气动参数。例如由运动方程求阻力系数:

$$m\ddot{x} = -\frac{1}{2}\rho V^2 A C_D \qquad (4.40)$$

将时间变量转换到距离变量:

$$C_D = -\frac{2m}{\rho A} \frac{\mathrm{d}\left[\ln(1+V_m/V_\infty)\right]}{\mathrm{d}x} \qquad (4.41)$$

由曲线拟合 $\ln(1+V_m/V_\infty)$ 与 x 的关系曲线就可求得阻力系数。对动态参数(如动稳定参数)可用最小二乘法或最大似然法等估计准则计算,以得到最优估计。

4.13 建筑物风载试验

风载是决定高耸建筑结构强度和刚度的一个重要因素。高耸建筑结构在风载作用下,会产生较大幅度的振动,这将直接影响高耸建筑物的正常使用,甚至威胁到人们的生存安全。因此,必须对高耸建筑结构的风载及其动态响应特性进行认真研究。

在研究建筑物风载和结构响应时,由于来流的紊乱性,建筑物本身的外形复杂性,再加上邻近建筑物的相互干扰,几乎无法进行理论上的数值计算,因此只有依靠现场实测和风洞试验。而风洞试验是目前最基本的研究手段。

风载试验模型,除应满足来流和大气边界层相似外,还应满足模型的几何相似。

1. 表面平均压力测量

建筑物表面的平均压力可采用压力传感器测量。压力传感器的信号通过 A/D 转换后被采集处理,得到表面压力值,然后求得各点的压力系数。

2. 表面脉动压力测量

当自然风作用到建筑物表面时,除在该表面产生平均压力外,还会产生脉动压力。脉动压力的大小关系到建筑物外表面玻璃和外敷层的设计,过大的脉动压力将会造成建筑物外敷层的破坏和脱落,有时对通风和排气结构的设计也有影响。

测量建筑物表面脉动压力时,对测试系统的灵敏度、系统的信噪比和系统的频响特性有专门要求。为提高系统的灵敏度,可采用高灵敏度的动态压力传感器。如果把传感器直接安装在测压孔内,较易满足压力测量的频响范围要求,但此种方式只适应于测点少且模型尺寸较大的情况。在大多数情况下,由于受模型尺寸小、形状复杂以及测压点数量多等限制,不得不采用由传压管路连接传感器的方法。为了消除传压管路带来的信号畸变和频响变化,试验前应对传压管路进行特殊的处理。常用方法是在传压管路中间接入夹扁管或加串毛细管来抑制共振峰。

3. 数据处理

在模型测压试验中,压力传感器的输出信号经放大器放大后,送入信号分离器将动、静态信号分开,再对动态信号放大,然后分别送入风洞的数据采集系统,由计算机进行分析处理。

4.14 汽车气动力试验

1. 试验摸型

条件允许时最好进行全尺寸或实车试验。如果进行缩尺模型试验,缩尺模型的比例可选 1:3,1:4,1:5。模型材料一般选用不易变形的红松木或桃木类,也可使用环氧树脂等,模型的基本构架则用金属件制作。模型的部件应具有良好的装配性和互换性。

2. 试验内容

汽车气动力试验不仅要研究车辆绕流,而且要研究与之紧密相联的内流系统的作用和效果。

(1) 研究空气作用在汽车上的气动力。阻力对车辆的性能影响最大,其他分量也会影响车辆的舒适性和稳定性。

(2) 研究汽车的绕流。汽车的绕流不仅影响外表面的雨水流径、污垢附着,而且和车辆的噪声、冷却流等有关。

(3) 研究发动机的冷却系统。若引入的外流不恰当,不仅冷却能力不足,而且会产生一个明显的附加阻力。

(4) 研究车辆内部的环境条件。乘坐空间内新鲜空气的补充及压力变化,不仅影响驾乘的舒适程度,还会产生附加内流阻力。

3. 试验方法

汽车在路面上运动,受到惯性力、摩擦力和空气阻力等的作用。在风洞中进行车辆试验,把缩尺模型固定在试验段地板上。风洞中的模拟地面最好采用活动地板。模型试验一般不模拟汽车本身的动力。

试验时,一般测量其气动力或表面压力分布,试验方法与常规试验方法相同。如要观察其表面的流动或尾部流动,则可以采用烟流显示、空间流动测量等方法。

4. 应注意的问题

(1) 对于闭口试验段,模型的迎风面积与试验段截面积之比,一般小于5%;对于开口试验段,则应在7%~10%以内;开槽壁试验段或自适应壁试验段,模型可以做得大些。在保证上述条件下,模型尽可能大些。

(2) 汽车试验都存在地板边界层的影响问题。地板边界层位移厚度应小于车辆底面到地板表面间隙的0.1倍。降低边界层厚度的最好措施,是采用活动表面地板或抽吸槽式地板,但价格昂贵,装配也很费时,一般采用开缝式地板,也可以减小边界层厚度。

(3) 模型试验 Re 一般应达到 0.6×10^6 以上。

(4) 为了减小支架干扰,最好将支架系统安装在地板下面。

(5) 模型的侧偏角要达到 $\pm 25°$ 左右,以研究侧风影响。

4.15 等离子体流动控制试验

等离子体体积力测量试验。主要有两种方法,一是直接测量体积力,包括高精度天平测量(图4.19)和钟摆式(图4.20)两种方法,前者是把激励器水平放置在高精度天平上,放电时天平即可直接测量作用在激励器面板上的反作用力,该方法需要考虑的问题是如何屏蔽放电产生的电磁干扰,一种处理方法是用铜箔把天平包裹起来,利用静电屏蔽原理隔绝电磁干扰,如图 4.19(a)所示,另一种处理方法是把激励器放置在远离天平的地方,通过杠杆将体积力传递给天平并进行测量,如图 4.19(b)所示。对于钟摆式,首先在低摩擦针式轴承上悬挂一个轻质空心碳棒,然后将圆形激励器安装在碳棒末端,同时安装有一个激光器,激励器放电时产生的反作用力使得碳棒摆动,底面上的照相装置记录激光入射点的位置也就是碳棒的摆动规律,最后通过数学推导得到反作用力。该方法相对复杂,但可屏蔽电磁干扰。二是利用加速度计测量激励器加速度,如图 4.21 所示。需要注意的是,体积力测量法得到的体积力实际上不是等离子体体积力,而是等离子体体积力、空气摩擦力的合力,因此有时也称这种方法为反作用力测量。

(a)   (b)

图 4.19　利用天平直接测量体积力

(a) 屏蔽天平法;(b) 远离天平法。

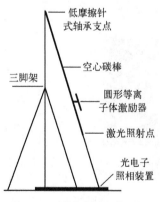 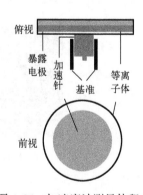

图 4.20　钟摆式测量体积力　　　图 4.21　加速度计测量体积力

　　等离子体诱导流场显示试验,包括烟流法、纹影法、激光粒子成像测速(PIV)等。烟流是利用烟显示流动,如图 4.22(a)所示,通过烟流可以直观观测等离子体的作用效果,试验系统相对简单。当光线通过与之垂直的折射率梯度区时,光线方向会发生偏离,偏离程度与折射率梯度成正比,纹影法就是利用这一原理,通过记录光强的变化来显示流场,如图4.22(b)所示。PIV使用脉冲激光照射空气中的示踪粒子,高速相机记录示踪粒子散射光,通过对连续两幅照片进行处理即可得到空气速度分布,如图4.22(c)所示。前述两种方法都是定性测量方法,即可以显示流场结构、特征,但无法得到定量结果,现在也有研究者根据纹影照片的灰度值定量显示流场速度,优点是不需要往空气中添加示踪粒子,因此不用考虑粒子的跟随性以及粒子对放电可能造成的影响,缺点是必须用其他方法的测量结果进行标定,PIV的优势是可进行定量测量,缺点则来自于示踪粒子的影响。

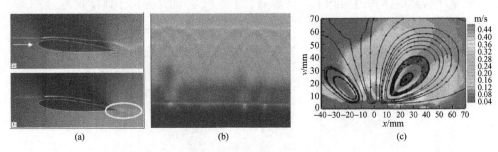

图4.22　流场显示方法
(a) 烟流法;(b) 纹影法;(c) PIV。

等离子体诱导流场测压试验。用皮托管测量等离子体诱导气流的总压和静压,基于伯努利方程计算得到诱导气流的速度,如图4.23所示。

图4.23　皮托管测量法

等离子体放电光学测量试验。主要是使用相机记录放电发光,根据不同的拍摄要求可分为两种:第一种是拍摄多次放电的累积效果(图4.24),这是最常用的,一般数码相机均可;第二种要求就比较高,相机的曝光时间为亚纳秒量级,且需要使用和激励电源同步的光增强设备,这种方法能把纳秒量级的放电过程拍出来(图4.25),对分析表面介质阻挡放电的发展过程很有帮助。

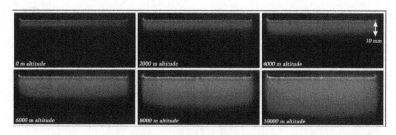

图 4.24　多次放电累积效果拍摄

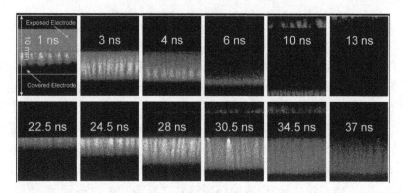

图 4.25　单次放电同步拍摄

　　飞行器模型/翼型等离子体流动控制试验。目前主要有三种试验方法：一是使用 PIV 拍摄模型表面流场,由此计算模型的升力、阻力;二是使用小量程天平直接测量模型升力、阻力;三是通过表面测压获得模型升力,通过测量模型下游的速度剖面或者使用尾耙测量模型阻力。

第五章 低湍流度风洞试验测量技术

5.1 压力测量技术

压力是流体运动的重要参数之一,压力测量是流体力学试验中最基本的测量。流动状态下的流体压力分为静压与总压,总压与静压的差值为动压。静止流体的总压等于静压。

在压力测量试验中,一般均取大气压作为参考压力,所以大气压的测量误差将给测压试验带入一系统误差。提高大气压的测量精度、准度,也就提高了测压试验的精度、准度。

压力一般不能直接显示,测量时必须将其变换为其他物理量,如位移、力和电参数等。常见的压力传感器有电阻式、应变式、电感式、电容式、压阻式、压电式等。应变式测量仪器广泛地应用于大气压力测量中,常用的有膜盒式压力应变仪和梁式压力应变仪。应变式测量仪避免了老式水银类气压计的水银蒸气污染,并且输出为连续数字显示,读数直观。输出的电信号可直接进入计算机实现数据采集和处理的自动化。

总压、静压、动压的测量技术见第二章相关内容。

5.2 温度测量技术

5.2.1 风洞稳定段总温测量

空气动力试验中,一般把风洞稳定段的滞止温度作为气流的总温。低速低湍流度风洞稳定段的总温,可用热电偶测温计(分有保护套和无保护套两种)测量。

5.2.2 气流静温测量

由于边界层的存在,使得在边界层内测得的温度比真正的静温高得多。因此直接测量静温是困难的。在风洞试验中,气流的静温通常是用测总温的办法,通过

式(5.1)的绝热关系间接计算出来,即

$$T_0 = T_\infty \left(1 + \frac{\gamma - 1}{2} Ma_\infty^2 \right) \tag{5.1}$$

5.2.3 壁面温度测量

当进行模型或风洞壁面的表面温度测量时,可将热电偶装在被测物体的表面。热电偶必须与壁面齐平,以防止高速气流在热电偶处的突起部产生激波,从而改变边界层内的温度分布导致测量不准。热电偶应与壁面固紧,以防吹坏。

5.3 速度测量技术

流速是描述流体运动的重要参数,对于流场中某一点流速的测量包括大小和方向。下面介绍几种测流速的方法。

5.3.1 风速管测量风速

低速流动时,速度与压力满足伯努利方程:

$$\Delta p = p_0 - p_\infty = \frac{1}{2} \rho v_\infty^2$$

所以,只要测得总、静压就可求得速度。实际应用中,由于风速管制造上的原因,会给测量带来一定误差,可通过动校求出修正系数消除此误差。

5.3.2 压强落差法测量试验段风速

将测得的稳定段下游和试验段入口处的静压差代入伯努利方程和连续方程,即可求得试验段风速 V_2,压差公式如下:

$$\Delta p = \frac{1}{2} \rho v_2^2 \left[1 + k - (A_2/A_1) \right] \tag{5.2}$$

式中:k 为两截面压力损失系数,由校测确定;A_1、A_2 分别为稳定段下游、试验段入口处的横截面面积。

在低速低湍流度风洞中,就是通过控制压差的方法来控制风洞试验段速度。

5.3.3 热线风速仪测量风速

热线风速仪是在流场中放置细金属丝对其通电加热,利用冷却率与流体速度的函数关系来测量流速的仪器。流速与电流、电阻的关系为

$$\frac{I_w^2 R_w}{R_w - R_f} = A + B\sqrt{v} \tag{5.3}$$

式中：I_w 为流过金属丝的电流；R_w 为金属丝的电阻；R_f 为金属丝具有流体温度时的电阻；A、B 为校正常数。

温度与电阻的关系为

$$T_w - T_f = \frac{R_w - R_f}{\alpha R_f} \tag{5.4}$$

式中：T_w、T_f 为分别为金属丝和流体的温度；α 为电阻温度系数。

如果加热电流保持为定值，此时电阻与速度之间有确定的关系，利用这个关系测量流速的方法称为恒流法。如果保持金属线的温度为定值，电流和流速之间有确定的关系，利用这个关系测量流速的方法称为恒温法。恒温式热线风速计具有热滞后效应小、动态响应宽等特点，绝大多数热线风速计都是恒温式的。而恒流式热线风速计由于存在热惯性，其频率响应特性要比恒温式差。

5.3.4 激光多普勒测速

光线碰到移动物体后产生的散射光，其频率与光源频率之间会有差异，这种频率变化称为多普勒频移。以激光作为光源，利用多普勒频移来测量流体速度的装置称为激光多普勒测速仪(简称 LDV)。

激光多普勒测速仪利用流场中运动微粒散射光的多普勒频移来获得速度信息，由于流体分子的散射光很弱，为了得到足够的光强，必须在流体中散播适当尺寸和浓度的微粒作为示踪粒子。因此，它实际上测得的是微粒的运动速度。

图 5.1 为激光多普勒测速仪的工作原理图，透明管子内为被测流场。激光通过透明管子进入光电倍增管，流场中的微粒在 A 点产生的散射光也射入光电倍增

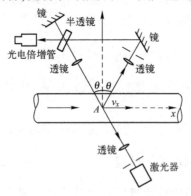

图 5.1 激光多普勒测速仪原理图

管,使光混频,两光线的多普勒总频移量为

$$f_D = \frac{2\sin\theta}{\lambda}v_x \tag{5.5}$$

式中:f_D 为多普勒频移;λ 为流场介质中的激光波长;v_x 为 x 轴方向的粒子速度;2θ 为透过光与散射光之间的夹角。测得 f_D 后,再由已知的 λ 和 θ,就可求得粒子速度 v_x,于是得到流场在该点的速度。

激光多普勒测速仪通常由激光器、入射光学单元、接收光学单元、多普勒信号处理器、计算机数据处理系统 5 个部分组成。其优点为:①非接触式测量,对流场无任何干扰;②动态响应好,可以测量脉动速度,测量精度高;③激光束可以聚集到很小的体积,空间分辨率高,因此可进行边界层和极小管道中的测量;④测量速度范围大,从几 mm/s 到 1000mm/s。其局限性为:①测量区域必须透光;②流场中需要存在适当的散射粒子;③由于测到的是粒子的速度,粒子应有很好的跟随性。

5.3.5 粒子图像测速

粒子图像测速(Particle Image Velocimetry,PIV),用于测量流体二维或三维速度场。PIV 不仅适用于定常流,而且适合于非定常流。它能在瞬间测出流场内几千个乃至上万个点的速度值,同时根据流场内相邻点的速度梯度值,可以求得流场的涡量分布。

粒子图像测速技术原来是一种瞬态流动平面二维速度场测量技术,它的基本原理是在流场中撒布合适的示踪粒子,用脉冲激光片光照射所测流场切面区域,通过成像记录系统摄取两次或多次曝光的粒子图像,形成 PIV 底片;再用光学杨氏条纹法或粒子图像相关等方法逐点处理 PIV 底片,获得每一判读点小区中粒子图像的平均位移,由此确定流场切面上多点的二维速度。迄今为止,在二维全场测速技术中,PIV 技术是最成熟的一种技术,已迅速变为测速的标准方法。对 PIV 示踪粒子的要求是:粒子的流动跟随性要好,粒子形状为球形或接近于球形且具有较好的成像可见性,粒子布撒均匀性和浓度要以保证取得足够的全流场信息为准。

PIV 技术对现代空气动力学研究有很强的吸引力。速度场和涡量场的定量测定是当今试验流体力学的两个难题,由于 PIV 可以解决这两个难题,并具有 LDV 的精度,因此 PIV 技术引起人们极大的兴趣。它有助于了解大攻角模型状态时分离流场中的不稳定现象,能在很短的时间内得到空间分辨率较高的瞬态流动的速度场,进而了解流动速度场中的空间尺度的大小。此外,大量的数值计算流场需要试验数据来验证其物理模型是否正确,这就要求流场的试验结果具有很高的时间和空间分辨率才能与高密度数值计算流场进行比较,PIV 技术是适合完成此任务的试验工具,它尤其满足瞬时速度场的要求。

5.3.6 低速气流方向测量

低速低湍流度风洞中常用球型流向指示探头(图5.2)测气流方向。当气流流向与探头方向一致时,两孔压力相等。有偏角时,两孔压力不等,其压差与偏角大小成正比。使用时,预先作出压差与偏角相关的校正曲线,由测得的压差查曲线即可得气流偏斜角。

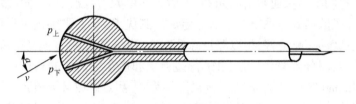

图 5.2　球型流向指示探头

用于测气流方向的热线风速仪有单线、双线和三线等类型。气流以不同的角度流经热线时,热线的散热情况不同。根据不同的散热情况可求出气流的流向。流向与散热的关系由预先校正确定纵向对称面,符合右手定则。天平测量的结果通常要转换至用户需要的坐标轴系。

5.4　天平与气动力测量技术

空气动力天平是用于测量作用在模型上空气动力载荷的一种测量装置,简称天平。一般情况下,空气动力的合力作用点和方向都是未知量,需要在试验中用天平测定。天平可以将作用在模型上的空气动力按空间直角坐标轴系分解成三个互相垂直的力和绕三个坐标轴的力矩分别加以测量,从而确定作用在模型上空气动力的大小、方向和作用点。通常,天平坐标轴系的原点 O 位于天平中心;x 轴沿中心轴;y 轴在天平的纵向对称面内,垂直于 x 轴;z 轴垂直于天平的纵向对称面,符合右手定则。天平测量的结果通常要转换至用户需要的坐标轴系。

天平一般由模型支撑机构、力的分解和传送机构、敏感元件和天平支承机构等主要部分组成。在有些天平中,敏感元件同时也是力的分解和传送机构。天平支承需保证测量过程中各姿态角不变,同时,当试验条件需要改变时又能很方便地改变模型的姿态角。

由于空气动力的试验对象种类很多,所以以之对应的风洞中配备有各种用途和各种量程的天平,其数量可多达数十支。根据测量原理可分为三类:机械天平、应变天平和磁悬天平。机械天平是根据杠杆平衡原理进行测力的。应变天平是根据测力元件受力后产生应变,通过参量变换把机械应变转换为电信号的原理进行测力的。磁悬天平是利用磁力将内部装有磁芯的模型悬浮于风洞试验段中,用外磁场变化改变模型的位置和姿态,利用磁场的变化平衡模型受的气动力,通过对磁场变化的测量而得出待测的气动力。

下面主要介绍低速低湍流度风洞测力试验中常用的机械天平和应变天平。

5.4.1 机械天平

机械天平是基于零位测量原理的天平,根据杠杆平衡原理进行测力。按照结构形式分类:塔式天平、台式天平、轭式天平。机械天平一般由模型支架、力的分解机构、传力系统和测量敏感元件等部分组成。

力的分解机构和传力系统是由一系列机械构件组成。图 5.3 给出了塔式天平的力分解机构和传力系统示意图。由图可见该系统主要由力矩台、力台、拉杆、杠杆、弹性支承和吊线等组成。通过它们将作用于模型上的力分解并传至感受元件。机械天平中的感受元件种类很多,不一一介绍,但为了数据采集自动化的要求,目前机械式天平大多以电信号形式输出。电信号在天平静校中就与相应的气动力建立了对应关系。由图 5.3 可见,天平除模型支承部分在风洞之中,力的分解系统和测量力感受元件都在风洞之外。因此,其结构上不受风洞尺寸的限制,可采用高精度的力分解系统和感受元件。所以,机械天平具有较高的测量精度和通用性。其不足之处是尚需进行消除支杆影响的试验。

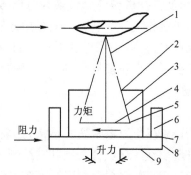

图 5.3　塔式天平示意图

1—模型支架;2—力平台;3—斜吊杆;4—力矩接头;5—力矩台;
6—弹性铰链;7—平行吊线;8—升力大摇臂;9—传力拉杆。

图 5.4 给出了塔式天平的原理图。若有一个力 D 作用于铰接点 O,则在 OE 中只产生拉力,在 OF 中只产生压力,而在点 A 不产生力。但是若力 G 不通过 O 点,则在 OE 中将产生弯曲,除非有一个力 $A=aG/b$ 存在,否则 OE 就会遭破坏。如

果 G 和 b 已知,力 A 的支撑就确定了 G 的作用点。这样,如 G 是已知的阻力,其绕分解中心 O 的俯仰力矩就可由力 A 来确定。塔式天平的力分解中心是塔尖。模型的质心一般与塔尖重合。六个分量可以单独分解,从而各天平元件可得到相应分量的读数。

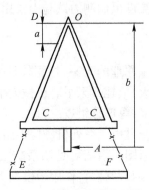

图 5.4　塔式天平原理图

5.4.2　应变天平

在风洞测力试验中,通过测量弹性元件表面应变来确定作用在模型上空气动力的测力装置称为应变天平。应变天平利用变位测量原理进行工作,即弹性元件受力后产生应变,通过参量变换把机械应变转换为电信号进行测力。应变天平具有瞬时响应、测量速度快、可远距离遥测、体积小、维护方便、精度高、稳定性好等优点。目前,不仅在高速风洞中广泛应用了应变天平,而且在低速风洞中广泛应用,尤其在某些特种试验中机械天平已不能胜任,应变天平能较好地满足试验要求。

1. 应变天平工作原理

1) 应变片

应变片是将机械应变(ε)转变为电阻变化(ΔR)的转换元件。应变片主要由四个部分组成,即敏感格栅、引线、基底、覆盖层和粘结剂。金属电阻材料构成的敏感格栅是应变转换元件;基底是敏感格栅的载体,面胶可保护敏感格栅。粘结剂把敏感格栅和基底牢固地粘在一起,引出导线与测量导线相连。

应变片按敏感格栅的组成进行分类,常用的有丝式、箔式和半导体三种类型。丝式应变片是用直径 $0.015 \sim 0.03\text{mm}$ 的金属丝绕成敏感格栅,常用康铜丝或硅锰丝。这种应变片具有性能稳定可靠、结实耐用、温度系数小等优点,不足之处是工艺性差、阻值分散。箔式应变片是用厚度 $0.003 \sim 0.01\text{mm}$ 金属箔片组成敏感格栅。由于金属箔片是片状的,所以和天平元件接触面大而具有较好的散热性;允许通过较大的电流,便于提高测量输出信号;另外还有蠕变小,易于小型化等优点。半导体应变片的敏感格栅是很薄的单晶片或锗片。其特点是有很高的灵敏度系数,但其电阻温度系数也大,所以常规应变天平中很少采用半导体应变片。

2）弹性元件

弹性元件是天平上粘贴应变片并感受各载荷分量的弹性敏感元件,是应变天平的核心部分。由于应变天平设计具有很强的针对性,弹性元件的结构型式多种多样,在本书中不作详尽介绍。

3）工作原理

图5.5是应变天平的工作原理图。图中悬臂梁为弹性元件。R_1、R_2、R_3、R_4分别为紧贴在弹性元件表面上阻值相同的电阻应变片,用惠斯登电桥的连接方式组成测试电路。由图可见,天平弹性元件未受力作用时,$R_1 = R_2 = R_3 = R_4$,电桥输出电压 $\Delta U = 0$。当天平元件受力作用时,弹性产生了上表面拉伸和下表面压缩的弹性变形。粘贴在弹性元件上的应变片也随之产生相应的阻值变化。R_1、R_2受拉,阻值增加;R_3、R_4受压,阻值减小。于是,电桥失去平衡,不平衡电压输出为

$$\Delta U = k\varepsilon U \tag{5.6}$$

式中:k 应变片应变灵敏度系数;ε 为弹性元件应变;U 为供桥电压。

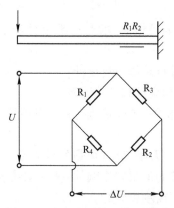

图5.5 应变天平的工作原理图

该电压输出 ΔU 由检测仪表记录采集。通过静校得出的电压输出与被测力或力矩的对应关系,就可以得到所需测量的物理量。图5.6给出了应变天平测量系统框图。

2. 应变天平设计

风洞试验范围极广,所以应变天平设计是一项极为复杂的工作。在着手设计天平前,必须根据试验对象和研究项目的不同,天平设计人员与气动分析人员一起

107

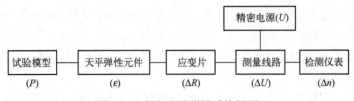

图 5.6　应变天平测量系统框图

共同制定风洞试验测量方案,然后提出天平设计参数。

1) 设计参数

天平设计参数通常包括以下内容:

(1) 风洞试验总体布局方案,包括风洞类型、试验段尺寸、试验模型大小和允许天平占有空间大小、试验模型支撑方式和连接尺寸、攻角和侧滑角变化方式和变化范围、马赫数范围;

(2) 天平设计分量数和各分量设计载荷;

(3) 天平各分量设计精密度和准确度要求;

(4) 风洞对天平提出的堵塞度要求;

(5) 其他特殊要求。

2) 设计步骤

明确了应变天平设计要求以后,即可着手设计天平,设计时通常按下述步骤进行:

(1) 拟定设计方案,进行总体布局设计;

(2) 进行弹性元件结构设计和有关计算;

(3) 绘制应变天平结构图、各分量应变片粘贴位置图和连线图;

(4) 编写说明书。

应变天平结构型式千差万别,具有很强的针对性。但应变天平设计时都遵循以下假设条件:弹性梁连接的框架看作刚体;弹性梁铰链部分的恢复力为零;弹性元件受力时变形一致;载荷按刚度分配。

3. 天平的设计原则

天平的设计一般需遵循下列设计原则:

(1) 单元灵敏度不低于 0.2mV/V,单元间相互干扰不大于(FS)10%(FS 为满量程),各非测单元对测量单元综合干扰不大于(FS)30%。

(2) 具有足够的强度。超声速风洞天平,在最大启动冲击载荷作用下,危险断面应力不大于材料极限应力的一半。

(3) 具有尽可能大的刚度。支杆、天平和模型组成的系统固有频率和气流脉动频率不能接近,以免引起系统共振影响测量精度和天平寿命。

（4）弹性元件结构选择应使测量载荷与变形信号输出保持良好的线性关系。测试线路和桥路安排应保证具有单元间干扰自补偿和温度自补偿能力。

（5）选择具有高拉伸强度，大冲击韧性和良好加工性能的材料制作天平弹性元件。

（6）结构设计力求加工简单，应变片粘贴连线方便。

4. 常规六分量应变天平

由于低速低湍流度风洞试验对象和研究项目繁多，所以大多数都配备了各种用途和各种量程的应变天平，这里主要介绍六分量杆式应变天平。外形呈杆状形式的应变天平称为杆式应变天平。与机械天平不同的是，杆式应变天平是一种复合式应变天平，没有专门的力分解机构和传递机构。弹性元件既是模型支撑系统的一部分，起传递各分量载荷的作用，又是测量元件。各分量载荷的分解，必须依靠弹性元件的结构形状和应变片在变换电路中的合理布置来实现。

典型的六分量杆式应变天平如图5.7所示。天平的前端与试验模型采用锥配合相连接，后端与支杆亦采用锥配合相连接，中间的斜缝将天平分为前、后两部分。天平的中部是"I"型轴向力 X 测量元件，它由两部分组成，即中间主梁和前后辅梁组成。轴向力 X 可在主梁上粘贴应变片来测量，也可在前后辅梁上粘贴应变片来测量。在轴向力 X 作用下，弹性元件产生 S 形变形；天平轴向力元件的前面和后面，各安排了一个对称的"川"形截面的测量元件，用来测量除轴向力 X 以外的其余 5 个分量载荷。在法向力 Y、侧向力 Z 作用下，弹性元件产生 S 形变形；在俯仰力矩 M_Z、偏航力矩 M_Y 作用下，弹性元件产生弯曲变形。通过合理设计"川"形截面的结构尺寸，并合理布置各分量变换电路的连线图，即可实现上述 5 个分量的独立测量。滚转力矩 M_X 的测量有两种方式，即通过弹性元件产生扭转变形和弯曲变形来实现 M_X 的独立测量。

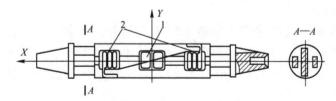

图 5.7　杆式应变天平结构示意图
1—主梁；2—前后辅梁。

杆式应变天平结构紧凑、体积小，通常当作内式应变天平使用，且使用较为灵活、方便。常用模型支撑方式有尾撑、腹撑两种形式。不足之处是机械加工较为复杂，天平刚度较弱，各分量相互干扰较大。

5.4.3 天平校准

天平在完成设计、机械加工、应变片粘贴处理和连接测量线路等工作之后,用于风洞测力试验之前,必须进行校准。校准一般分为静态校准和动态校准两步进行。

1. 静态校准及其标准

天平的静态校准是在实验室静校设备上模拟天平使用时的受力状态,对天平施加静态载荷,以求取天平校准公式,同时检查天平的质量、鉴定天平的性能。

静校时,将天平安装于专门的静校设备——校准架上。校准过程中,通常用标准砝码作为力源,通过定滑轮、钢带和加载头给天平施加各方向载荷,如图5.8所示。

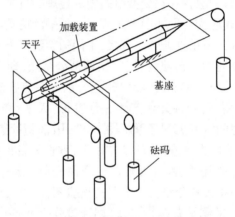

图 5.8　静校设备示意图

1) 静校内容

(1) 检查天平各分量应变电桥工作正常与否。要求零点漂移小于 $10\mu V/30min$,归零性好(小于 $20\mu V$)、温度效应小。若不满足要求,需对其进行补偿。

(2) 对天平各分量加载,检查有无输出、输出的符号是否正确。若不满足要求需进行补救。

(3) 给天平加载,求出满足精准度要求的天平使用公式和天平弹性变形角公式。

2) 静校方法

天平静校方法按轴系分为地轴校和体轴校两种,按加载方式可分为单元校和多元校两种。下面对几种校正方法作简单介绍。

(1) 地轴校。天平固定在校正设备基座上。天平不受载时,天平的轴系和基

110

座轴系重合,故称为地轴系。校正时,按此轴系进行加载,故称为地轴校。模型固定在天平上,天平不受载时,模型体轴系与地轴系重合。天平受载变形,模型体轴系与地轴系不重合。而风洞试验中,模型受力是按体轴系进行分解的,所以校正状态与真实试验情况有差别。这种差别虽经由弹性角引入的轴系转换进行修正,但还是存在一定误差。这种方法的设备简单易行。

(2) 体轴校。按模型体轴系进行加载的天平静校方法称为体轴校。显然,天平受载变形,模型也随之变形,加载轴系与模型体轴系分开,要使加载系统仍维持体轴加载,只有调整加载系统或者模型姿态。要进行二者的调整是相当繁琐的,工作量大,设备复杂,周期长,所以必须考虑自动化,只有在较高的自动化程度下,才能采用体轴校。这种方法和风洞试验状态一致,所以得出的天平公式用于试验能提高试验结果的精确度。

(3) 单元校。用单元加载求取天平公式的校正方法称单元校。单元加载时可求出该元的主系数和对其他各分量的一次、二次干扰项,根据天平的特点,进行两个分量的加载求出交叉干扰项,这样得出的天平公式应用于联合加载时,若误差达到要求,公式就能提供使用,否则需重新校正。

(4) 多元校。对天平进行相当数量组数的综合加载,用最小二乘法原理求出天平使用公式中各项待定系数的静校方法。该方法的关键是加载表的确定,不同的加载表能导致差别很大的结果,目前一般采用正交加权的方法确定加载表,正交的方法可使加载表有较广的覆盖面。对与气动现象相对应的量进行加权处理,这样天平公式可提高试验结果的准度。例如,气动上法向力经常与俯仰力矩反号,那么在校正时这类型的组号应加权。另外尚需注意的是天平公式的项目要慎重选定,目前一般认为选到二次项就可以了,所以在选公式时就把所有二次项都包括进去。这样并不一定好,因为实际上并不一定所有二次项都存在,可取的方法是作初步加载试验,确定真实情况下存在哪些干扰项,这样的数学公式能较好地代表物理现象。

多元校天平公式得出后,同样需用相当组数的联合加载结果去检查,若不满足误差要求,需要重新校正。

天平静校标准如下:二组载荷重复 7 次加载,输出信号的标准误差为静校精度。静校精度应达到 0.3%(FS);若干组综合加载,公式计算结果和实际加载的平均差值与满量程载荷值之比称为天平静校准度。天平静校准度应达到 0.5%(FS)。

天平静校中尚须测定并给出天平受载时的弹性变形。一般只需建立起载荷与变形的函数关系即可。对常用的六分量内式天平的弹性角计算公式如下:

$$\begin{cases} \Delta\alpha_e = K_\alpha^Y Y + K_\alpha^{M_z} M_z \\ \Delta\beta_e = K_\beta^{M_r} M_r + K_\beta^z Z \\ \Delta\gamma_e = K_\gamma^{M_x} M_x \end{cases} \tag{5.7}$$

式中：K_α^Y、$K_\alpha^{M_z}$、$K_\beta^{M_r}$、K_β^z、$K_\gamma^{M_x}$ 为弹性角修正系数。这些修正系数在加载与变形测定中确定。

2. 动态校准及其标准

天平动校是指将已知空气动力性能的标准模型与静校合格的天平安装在一起进行吹风试验的全部工作，目的是对天平的稳定性、可靠性和准确性进行考核评定，对天平能否投入使用作出结论。低速低湍流度风洞天平动校试验通常只进行重复性试验和准度试验，以考核天平的动校精度和动校准度。

动校一般利用标模进行，主要内容如下：

（1）冲击试验。选定冲击载荷较大的马赫数，进行风洞启动、关车以检查在此情况下天平的抖动情况、机械连结是否牢靠、应变片粘贴质量、测量线路、信号输出稳定与否等。

（2）温度效应试验。在固定马赫数流场稳定情况下，每隔 10s 记录一次，一般记 13 次，然后关车。要求试验数据都接近，开车与停车零点相差不大，否则需作温度修正或补偿。

（3）测力重复性试验。

5.4.4 典型天平简介

1. 半模型天平

为了达到某些试验目的，试验中采用半模型进行试验的天平称为半模型天平。这类天平的特点是除支撑模型部分在试验段内部外，其余部分都在试验段外部，所以其结构尺寸可以比较大，这样对各测力元的布局、提高精度、减小温度影响等都是极为有利的。

2. 铰链力矩天平

铰链力矩天平是用于测定飞行器舵面气动特性的天平，其重点是测定对应于舵轴的铰链力矩。

用半模型天平很容易实现铰链力矩测量，但这种方法的洞壁干扰较大，所以常用的还有全模铰链力矩天平。受模型尺寸的限制，全模铰链力矩天平的结构尺寸一般较小。另外，铰链力矩是个小量，不易测准，但设计中铰链力矩是个很重要的量，对这个量的试验准确度要求很高，这给铰链力矩天平提出了很高的要求。

3. 大攻角天平

大攻角天平应用于模型大攻角试验。这类天平的主要特点是天平支承部分能改变很大的攻角。图 5.9 是一种大攻角机构图。

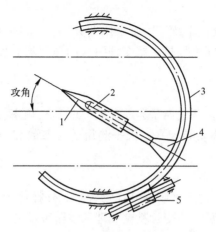

图 5.9　大攻角测力装置图
1—模型;2—天平;3—涡轮;4—支杆;5—蜗杆。

4. 马格努斯效应天平

　　测量马格努斯力和力矩的天平称为马格努斯效应天平。马格努斯效应天平常用结构是能同时测量纵向两个力矩(用于换算成法向力和俯仰力矩)和侧向两或三个力矩(用其中两个换算成侧向力和偏航力矩)的四分量或五分量天平,个别情况下也有加上轴向力和滚动力矩元件的。经常采用的马格努斯天平元件形式有张臂矩形截面梁式和机械放大器式,图 5.10 是马格努斯试验时的天平、模型安装简图。

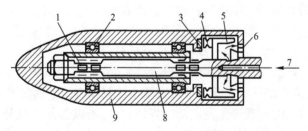

图 5.10　马格努斯试验示意图
1—应变片;2—轴承;3—永磁铁;4—转数采集线圈;
5—喷嘴;6—涡轮叶片;7—气流;8—天平;9—模型。

　　马格努斯效应天平的电桥组成大多采用分离电桥法,粘贴在前、后天平元件上的应变片分别组成电桥,对同一参考点测出各自的力矩,通过计算求出力和对指定点的力矩。为提高测量精度,可在天平支架后部增加一个测量截面,利用测得的三个侧向力矩中绝对值较小的一个计算侧向压力中心。

5. 喷流天平

喷流天平是进行喷流干扰试验所采用的天平,一般即为常规的内式六分量天平,其与常规天平的不同之处是由尾支杆引入高压气流到发动机腔由喷管喷出满足喷流干扰的要求。

6. 动导天平

模型做有限运动时,测量模型运动参数(如振幅、频率、角速度等)和维持该运动的力和力矩的天平称动导天平。天平测得的各参数和力或力矩经计算求得动导数。

7. 外挂物天平

测量飞行器外挂物的天平统称外挂物天平。外挂物天平的特点是:天平尺寸小、应变片尺寸小、高阻值,应变片粘贴处理和线路敷设受尺寸所限而难度很大,应变信号输出较小。

8. 多台天平组

一个模型进行试验时,用两台或两台以上的天平同时测量飞行器及其各部件的气动载荷,这样一次试验可得到较多数据。这类天平是除主天平为全弹六分量外,其他天平是根据所测对象而不同的某几个分量的天平,所以这类天平设计上都比较巧妙。

5.5 流动显示技术

试验空气动力学研究中所涉及的介质常常是无色、透明、不发光的,它们的运动无法直接观察。为了形象、直观地研究流体的运动状态,就必须采用某种能使流体运动变成可见的技术,这样一些技术称流动显示技术,或称流动可视化。

流动显示的目的是使流场的流动过程可视,它与其他试验方法的不同之处在于,它使流场的某些特征可视化以及获得整个流场物理现象的信息。借助它,可以获得有关流动状态的直观形象及流动的发展过程,有些显示方法还能给出流动参数的定量结果,这对于了解流动现象、建立新的概念与物理模型以及验证数值计算结果等都具有十分重要的意义。同时,流动显示技术本身也是解决实际工程问题的重要手段。

5.5.1 基本分类

针对不同的流体,流动显示方法大体上可划分为三大类:第一类是包括在流体中外加材料(示踪物)的所有方法,流体可以是气态或液态,其运用范围大致相应于不可压缩流;第二类是对所研究的流动场内的折射率变化很敏感的光学方法,其运用范围相应于可压缩流;第三类显示方法称之为外加能量法,加到流体中的是外来能量(如加热或放电的形式),其运用范围相应于稀薄或低密度气体流动。

1. 外加材料(示踪物)的流动显示

外加材料(示踪物)的流动显示是一种间接的显示方法,是观察外加物的运动而不是流体本身的运动,这就要求外加物必须是可见的,并且其颗粒足够小,以此可以假设这些颗粒的运动和流体的运动是相同的,即速度的方向和大小均相同。这一类方法在实际工程应用中按外加物添加在流场内的位置可分为表面流动显示技术和示踪粒子显示技术(在流场中的空间位置或模型表面以外添加示踪物,通常称该示踪物为示踪粒子,也简称为粒子,用它来显示流场的技术叫做示踪粒子显示技术)。表面流动显示技术是在所试验物体表面涂上适当的涂层或粘贴示踪物,当流体绕物体流动时,带动涂层或示踪物发生变化,从而显示物面上或物面附近的流动特性,常用的有壁面丝线技术、油流技术、升华技术等。示踪粒子流动显示技术是一种往流体(液体或气体)中加入粒子,利用可见的粒子随流体运动来显示流动现象或通过测量粒子速度来确定流速的技术,常用的有色线技术、氢气泡技术、烟线技术、蒸汽屏技术、激光多普勒测速技术等,与数字图像处理技术相结合又发展了诸如粒子图像测速技术等。该类流动显示技术可以对流场进行如下显示和测量:流动方向与流动轮廓的显示、速度剖面的显示、表面流动的显示等。

2. 流动的光学显示

流动显示的光学方法通常称为无介入或无干扰的方法。这里无干扰是指在应用光学试验方法时,可避免将机械探头放入流场中,从而避免对流场产生干扰。任何光学方法都是建立在光波和流体流动相互作用的基础上,光线由于这种相互作用而发生变化并带出有关流动状态的信息。相互作用过程中的信息能够用两种不同的方法获得:一是接收穿过流体的光并将其状态与入射光比较,这样获得的信息是沿流体中光线整个行程的积分结果;二是记录来自流体中某一位置的朝向某一特定方向上的散射光,所记录的信息与局部有关,这一点对于三维流体流动的测量是很重要的。

在空气动力学可压缩流动的流场中,流体密度是流动介质折射率的函数,借助于某些光学方法可以使可压缩流动可视化。由于流体中折射率的不均匀分布,通过试验区的光束会受到扰动,相对于无流动无扰动的情况来说,同时出现的变化有两种类型:

(1)光偏离原来的方向。

(2)受扰动光波的相位相对于未受扰动光波的相位有了改变。

对于光的方向变化很敏感的测量方法是阴影法和纹影法,对于光的相位变化很敏感的测量方法是干涉法。这两种光学显示方法表现出各自的系统特点是:阴影法对气体密度的二阶导数的变化很敏感,纹影法可显示密度的一阶导数变化,干涉法可测量密度的绝对值。因此,阴影、纹影、干涉这三种光学方法不但可以对可压缩流体流动的流场进行定性的显示,而且能够用于进行定量的密度测量等。基于纹影系统的干涉技术有偏振光干涉技术、光栅干涉技术、点衍射干涉技术和莫尔干涉技术等,它们都是在纹影系统的基础上发展起来的,不但能对流场进行定性的显示,也能够进行定量测量。

全息照相与普通照相不同,普通照相只能记录光的振幅信息,而全息照相不但记录了光的振幅,还要记录光的相位,即全息照相记录的是光的全部信息。在空气动力流动显示中,用全息照相获得干涉的技术主要包括两次曝光全息干涉技术、双全息图干涉技术、夹层全息干涉技术和实时全息干涉技术等。

高速摄影技术能够记录或显示对于人的眼睛不能分辨的迅速变化的现象(如气动试验中的高速、超高速流动等)。从摄影的角度讲,通常将摄影频率高于24帧或曝光时间短于1/1000s的摄影列为“高速摄影”。高速摄影记录或显示高速流动过程的某一瞬时状态或全部历程,不但能够获得迅变现象的时间–空间信息,而且能使高速流动过程“复现”。用于空气动力学试验流场研究的高速摄影有单幅瞬态摄影、多幅闪光摄影、过程高速摄影以及高速阴影、纹影、干涉摄影等。

3. 附加能量的流动显示

在这种情况下,外加物不是物质,而是能量,它被传递给流体的某些部分。通过在单一点上加入能量,则在流体流动中人为地引入了密度变化。流体中密度有变化的这些部分,可以用某一种光学方法加以显示,或者由于加入到流体中的能量较大,相应的流体元达到了一定的发光度而直接被观察到。

当气体密度平均值太低时,即对于稀薄或低密度气体流动的显示,利用对所研究流场内折射率变化敏感的光学显示方法就会有灵敏度的限制,此种情况下,通过适当的能量释放,使流动气体的分子受激发而发出特征辐射,从而实现对其流动显示。把能量加入到该类流动中的方法常用的有两种,即利用电子束或采用辉光放电。

20世纪80年代初开始发展了激光诱导荧光(LIF)技术,在气体流动中加入荧光示踪剂,由一个激光源诱导荧光示踪剂能级跃迁,发出不同于激发光波的荧光辐射(信号),该荧光信号中含有关于流场速度、温度、压力、密度、组分浓度等的信息,经测量和数据处理,就可以从荧光信号中定量地确定相对应部分的流场参数。

5.5.2 烟流显示技术

烟流显示是把烟流注入风洞,注入烟流的流速和方向与当地气流一致,这样烟流就可显示出模型的绕流图形。

烟流技术是一种历史悠久的显示方法,最早可以追溯到1893年。经过一个多世纪的发展,这项技术已经成熟,尤其是近代发展起来的烟线法不但能显示定常的绕流图画,而且能应用于非定常流动的定性、定量显示与分析,显示流场速度范围涵盖了亚声速、跨声速、超声速,是流动显示方法中十分重要的一种。

烟流显示方法分烟管法和烟线法。烟管法是利用油受热蒸发的原理,在风洞外设计一个烟发生装置,通过烟耙使烟流入风洞中,进行流动显示,这种方法要求风洞具有低湍流度。烟线法是在风洞中模型上游横放一根与来流垂直的细金属电阻丝。试验前,在电阻丝上涂上一层油,油层受表面张力作用形成一串油珠(油滴),附着在电阻丝上。试验时,接通电源使脉冲强电流通过电阻丝,电阻丝发热,油珠形成白色的烟,随气流向下游流去,一串油珠形成一排烟线,适时地启动闪光灯和摄像机,即可得到烟线绕模型流动的画面。由于烟线法在电气上的可控特性,所以它不但能像传统的烟管法那样显示定常的绕流图画,而且可以应用于非定常流动的显示与分析,对风洞设备的要求也大大降低,在烟流显示试验中经常应用。

5.5.3 壁面丝线技术

丝线技术是最早采用的一种表面流动显示技术之一。该技术是将质轻而柔软的丝线一端固定在模型表面上,另一端随着气流摆动,通过摆动方向来观察物体表面的边界层、物体后面尾流的流动状态以及旋涡的运动等,如图5.11所示。

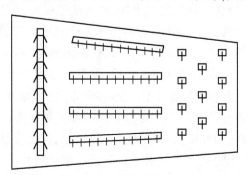

图5.11 贴丝线的方法

丝线法有一些基本考虑因素,这些因素适合于丝线法的不同应用形式,包括常规丝线法、荧光微丝法和流向锥法。

1. 常规丝线法

常规丝线法是将短丝线一端贴在模型表面,另一端顺气流方向可自由飘动。这样,当气流流经模型时,丝线就可显示出气流流动方向。根据丝线的摆动程度可显示出模型表面上的分离区和旋涡位置等,如图5.12所示。

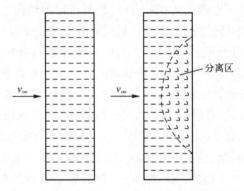

图5.12　展弦比为4钝前缘矩形机翼的流谱

2. 荧光微丝法

荧光微丝法是将尼龙等细纤维涂以荧光物质,粘在物体表面,丝线随流体飘动,同时用紫外光照射以增强可见度。该方法在层流时能很好地反映局部流动的方向,湍流时丝线呈不稳定运动,因此该方法多用于低速气流。

5.5.4　油流技术

油流技术是最早发展的流动显示技术之一,主要用于显示物面上的流动图像,是在物体的表面上涂以含有煤烟粉的油等,当气流流过时,会在表面留下气流流动的痕迹,适用于低速低湍流度风洞中观察物体表面附近的流谱。或者在物体的表面上涂以混有铅丹、铅白等的润滑油,用于观察液体内物体的表面流动。通过对油流图像的观察和分析,特别是通过拓扑分析,可以了解物面流场中奇点(鞍点和结点)的分布规律,确定流体在物面上什么地方附着、什么地方分离、分离的方式和特点(闭式分离或开式分离)以及激波和旋涡的位置等。弄清楚物面上的流动图像也有利于进一步理解和分析整个空间流动情况,从而为合理地解释试验数据或理解某些流动现象产生的机理提供依据。与其他流动显示方法相比较,油流技术无需特殊的试验装置,操作简便,成本低廉,而且适用范围广,可应用于从低速至高超声速风洞试验,甚至飞行试验中。

5.5.5　升华技术

升华技术主要用来显示物面上边界层转捩的位置,其优点是操作简便,成本低廉,可以显示大面积物面上的转捩位置。但形成所需流动图像往往需要几分钟的吹风时间,这就在很大程度上限制了该技术在高速风洞中的应用。

升华技术的基本原理是：某些物质（如碘或樟脑）可以从固态不经过液态而直接转变为气态，这种现象称为升华。升华技术正是利用某些具有升华特性的物质配制成涂料，涂在模型表面上，由于湍流边界层内气流脉动速度大，升华作用比层流边界层内更强烈，因而造成湍流边界层内的涂层比层流区更早地升华而露出物面颜色，从而在层流边界层和湍流边界层之间形成一道分界线，这就是转捩位置。利用表面挥发或升华的速度不同可显示物体表面的流态。该方法可用于确定边界层转换、分离流动、近壁湍流结构和壁面质量交换等。

5.5.6　米氏散射

米氏散射（Mie Scattering）技术是用于气相流动可视化的最常用技术之一。米氏散射的特点是散射光频率等于入射光频率，散射时没有新频率的光产生。米氏散射实现起来很简单，只需要一个可以照亮流场的光源、一些光路组件、标记气流的特定示踪粒子以及记录成像的探测装置。米氏散射的示踪粒子有很多种，如油烟、铝粒子、二氧化钛、小液滴等。目前单点的米氏散射技术早已让位于平面米氏散射（Planar Mie Scattering，PMS）技术。PMS技术是利用薄的片光照射流场中的示踪粒子，用二维成像装置接收示踪粒子所发出的散射光并进行成像，因而PMS技术可对流场的不同截面分别成像，具有较高的空间分辨率；同时，使用短脉宽、高亮度的激光作为光源，可进行瞬态成像，具有较高的时间分辨率。PMS技术现已广泛用于超声速剪切层以及超声速混合的研究。MS/PMS技术的不足之处在于：首先，散射信号并非仅由所添加的特定示踪粒子产生，光照区域内的任何尺寸满足要求的粒子都会产生米氏散射信号；其次，示踪粒子一般都具有较高的施密特数，其流动跟随性较差。

5.5.7　瑞利散射

瑞利散射（Rayleigh Scattering）通常是来自气体分子或原子的弹性散射，它不需要向气流中添加示踪粒子，气流本身就是示踪粒子，因此不存在示踪粒子流动跟随性差的问题。瑞利散射技术的不足之处在于：首先，它要求测试环境必须十分洁净，因为来自光照区域内的任何灰尘或颗粒都会产生很强的米氏散射信号，由于米氏散射信号与瑞利散射信号波长相同，所以会对瑞利散射信号产生严重干扰；其次，发出瑞利散射信号的不只是待测气体这一种组分，光照区域内的其他气体组分同样会产生瑞利散射信号，当光照区域内两种气体组分具有类似的散射截面时，通过瑞利散射是无法区分它们的；另外，瑞利散射信号很弱，信噪比较低。该技术用于测量流场密度和温度。

5.5.8　拉曼散射

拉曼散射(Raman Scattering)是来自分子的一种非弹性光散射,散射光相对于入射光具有确定的频移,而这种频移仅由散射分子的物质结构决定,与入射光的频率无关。拉曼散射效率很低,远小于瑞利散射,相应于每个入射光子的拉曼散射光子为 $10^{-8}\sim10^{-7}$ 量级。自发拉曼散射(Spontaneous Raman Scattering, SRS)技术可用于测量流场温度、主要组分浓度等流场参数。拉曼散射光相对于激发光有较大的频移,故容易将壁面杂散光、瑞利散射光、米氏散射光滤除。不过由于 SRS 信号很弱,所以通常需要强激光激发和高灵敏探测器,而进行平面 SRS 成像更加困难,所以目前主要用于进行点测量。

5.5.9　相干反斯托克斯拉曼光谱

相干反斯托克斯拉曼光谱(Coherent Anti-Stokes Raman Spectroscopy, CARS)技术是一种优良的测温、测浓度技术。CARS 是一种非线性光学四波混频过程,通过泵浦光与斯托克斯光共同作用于探测介质,使介质分子发生极化,产生 CARS 信号。CARS 信号具有转换效率高、收集效率高、易与入射光空间分离、抗荧光干扰强、时间和空间分辨率高等优点,在燃烧诊断中发挥了重要的作用。

5.5.10　激光诱导荧光技术

激光诱导荧光(Laser-Induced Fluorescence, LIF)是原子或分子受激光辐照激发后所发生的自发辐射,它最早由 Wood 在 1905 年发现并予以论述。其基本物理过程可以描述为:位于基态的原子或分子吸收特定波长的光波后跃迁至能量较高的激发态,而位于激发态的原子或分子是不稳定的,它将以各种形式释放出能量而回到基态,这个过程叫做弛豫过程。能量若以热能的形式放出,则称为无辐射弛豫;若以光波的形式放出,则称为辐射弛豫,此时所辐射的光波称为荧光。

利用流场中某些物质在激光照射下能发出荧光的特性来显示并测量流场参数的技术就称为 LIF 技术,这些被激发的物质就称为荧光粒子。PLIF 是单点 LIF 向二维平面 LIF 成像的扩展。它是将激发光通过一组由球面镜和柱面镜组成的片光转换组件,形成一个激光薄片,并用该片光扫过测试区域,激发待测流场中某一截面上的荧光信号;在与片光扫过方向垂直的方向上用成像装置收集荧光信号并成像,利用荧光信号与流场温度、压力以及荧光粒子浓度的函数关系来显示和测量这些流场参数的空间分布。为进一步滤除由激发光所引起的米氏散射、瑞利散射以及杂散光等背景干扰,通常还需在成像装置前加装相应的滤波片。

在流场诊断领域,PLIF 技术的主要优势在于:它针对特定的荧光粒子成像,可以区分流场中的不同组分;荧光粒子可为液态、气态物质或自由基,它们的流动跟随性好;PLIF 信号大大强于瑞利散射和拉曼散射信号;PLIF 信号的波长与激发光的波长是错开的,容易滤除米氏散射、瑞利散射以及杂散激发光等背景辐射;可进行时间冻结探测,时间分辨率可达纳秒量级,利于探测高速、瞬变、非稳态的流场;可进行高空间分辨率的平面探测,空间分辨率可低至毫米以下,利于探测复杂流场的空间结构;LIF 信号与组分浓度的关系易于定量表述,还可对温度、压力、速度等标量场进行显示和测量;超声速流场中静压通常不高,故荧光的淬灭效应不显著,荧光信号一般较强。

PLIF 技术在浓度场的显示与测量领域应用最广。在液体流场中,通过向流场中添加荧光染料可方便地进行 PLIF 探测。因为大部分液体都是不可压和等温的,所以 PLIF 信号通常仅与荧光染料浓度成正比,这使得 PLIF 技术可方便地用于液体混合过程的研究。在气相冷流流场中,通过向流场中添加气相荧光粒子并进行 PLIF 成像,可方便地进行浓度场的显示和测量;该方法也是燃烧研究中了解燃烧前燃料在燃烧室中分布与混合情况的主要手段。

PLIF 技术除了在冷流浓度场的诊断中发挥重要作用外,在反应流浓度场的诊断中也同样发挥了重要的作用。反应中生成的一些中间产物,如 OH 基、CH 基、甲醛等本身就是良好的荧光粒子。OH 基通常存在于反应区及高温燃烧产物区中,CH 基主要存在于反应区中,而甲醛是反应放热的主要指示剂,它们的 PLIF 图像可以反映火焰结构。由于 OH 基几乎出现在所有类型的燃烧环境中,并且作为一种主要的中间产物而具有相当高的平衡浓度,加之其光谱带位于近紫外波段,可用常用的激光方便地进行激发,而且其荧光信号较强,易于观测,所以 OH 基 PLIF 技术在显示与测量各种燃烧流场的火焰结构方面发挥了重要的作用。除此之外,其他燃烧中间产物(如 CH 基、甲醛、NO、CO 等)以及最终产物(如 CO_2、SO_2 等)的 PLIF 探测技术也在不断发展和应用中。

PLIF 技术也可用于温度场成像,其中最常用的方法是双波长测温法。该方法利用两种不同波长的激发光源,以很短的时间间隔或同时激发源于不同转动能级的跃迁,再通过所得荧光信号强度相比约去浓度和荧光淬灭效应的影响,然后根据不同转动能级量子数分布所满足的波耳兹曼分布律求出温度,此时所求得的温度为转动温度。若利用这种方法获取瞬时温度场需要两台可调波长激光器和两台相机;而若对稳态的温度场成像,则只需一台激光器和一台相机分别进行两次测量,然后再依上述方法求解温度。

PLIF 技术也可用于压力场成像,但和其他压力测量技术一样,并不是直接测得压力,而是通过状态方程并结合测得的密度和温度来求得压力。

PLIF 技术还可用于速度场成像,其测量原理是吸收谱线的多普勒频移会造成激发谱线与吸收谱线的重叠积分发生变化,从而导致 PLIF 信号强度随速度而变化。

5.5.11 可调谐二极管激光吸收光谱

20 世纪 70 年代 Hinkley 和 Reid 等人提出可调谐二极管激光吸收光谱(Tunable Diode Laser Absorption Spectroscopy,TDLAS)技术,该技术利用激光二极管的可调谐、窄线宽特性,通过对激光二极管的温度或者注入电流的控制,使激光输出波长在气体的线吸收波长附近调制,利用锁相放大器光谱吸收的谐波信号进行检测,实现对被测物质浓度的高灵敏度、快速检测。

TDLAS 技术具有测量系统小巧紧凑、测量重复频率高和数据处理速度快等优势,其一方面可用于燃烧场温度、组分浓度(H_2O、O_2、CO_2、CH_4、CO 等)、流场速度以及压强等路径积分值的测量,另一方面可通过断层成像的方式实现对燃烧场温度、组分浓度二维分布的测量。

5.6 风洞测量系统

测量系统是低速低湍流度风洞的基本系统,是获得风洞试验数据最主要的设备。随着电子技术,特别是计算机技术的飞速发展,近十多年来风洞的测量系统发展很快,不仅实现了多种参数、多通道的综合测量,而且可以自动完成几乎所有的测量处理的过程,如原始数据的采集、处理,试验结果的显示和曲线、图表的绘制。现代测量系统极大地提高了风洞试验效率,拓展了风洞的试验能力。

低速低湍流度风洞试验的测量内容主要有测力试验、测压试验、测量模型区域的空间流态和其他一些特种测量,如测位移、角度、频率、相位、加速度等。

测量系统由传感器和数据采集处理系统构成。测量对象大多数是非电量的物理量,必须用传感器转换为电信号。常用的传感器如各类天平,用于各种测力试验;压阻传感器用于测量压力;压电式加速度传感器,用于各类振动测试;光电式、磁电式传感器编码器用于转速、线位移和角位移的测量;热电式传感器,主要用于温度测量。

衡量测量系统性能的主要技术指标有基本精度、漂移、带宽、量程、迟滞和重复性等。

(1) 基本精度(df):测量系统输出−输入特性曲线与其拟合多项式之间的最

122

大偏差 Δm 与系统的满量程(Y_{FS})之比的百分数,即

$$df = \pm \frac{\Delta m}{Y_{FS}} \times 100\% \qquad (5.8)$$

（2）漂移:主要指静态漂移。测量系统安装完之后连续加电 24h,记录设备的最大偏移值与量程之比的百分数。

（3）带宽:表示系统传递函数幅频特性值下降 3dB 频率的范围。

（4）量程:要与传感器信号变化范围相适应。

（5）迟滞:主要是由传感器引起的,说明传感器正、反向特性不一致的程度,以其最大偏差 ΔE 与满量程输出 Y_{FS} 的百分数表示

$$dE = \frac{\Delta E}{Y_{FS}} \times 100\% \qquad (5.9)$$

（6）重复性:表示测量系统在输入量按同一方向全量程连续多次变动时所得的特性曲线不一致的程度。极限误差为

$$dz = \frac{\pm 3\sigma}{Y_{FS}} \times 100\% \qquad (5.10)$$

重复性误差有同期重复性误差和不同期重复性误差两种,如果不同期重复性误差也很好,则系统必然精度高,漂移小。

下面介绍典型的测量系统——电子扫描阀压力测量系统。以 DSY-104 电子扫描压力测量系统为例,系统由数采控单元、压力扫描器单元和校准单元三部分组成。数采控单元是该系统的核心,它一方面可以根据操作程序的设置,对系统进行控制,完成上述各项功能。另一方面,通过网络接口与用户计算机通信,接收各项操作指令,发送压力测量数据,按照用户计算机的操作程序设置和各项指令运行。压力扫描器单元的基本配置是 6 台电子压力扫描器,每台电子压力扫描器里装 32 支压力传感器,压力传感器的输出信号传输到数采控单元,经 A/D 变换,进行初步的预处理存储在 RAM 中,并通过网络传输给用户计算机。校准单元根据设置,为系统中压力传感器的在线校准(或精度测试)提供多点、稳定、准确的校准压力(或精度测试压力),自动完成在线校准(或精度测试)。

在试验测量前,通过在线校准能够提高压力传感器的测量精度和可靠性,即在线校准技术是检定技术和补偿技术的综合,能修正压力传感器误差,从而使该测压系统具有较高的使用精度。

第六章　试验数据处理与修正

风洞试验的主要任务是准确模拟飞行器的绕流特性和精确测量气动力试验数据,为飞行器的研制服务。至于如何提高测量精度,涉及因素很多,本章就试验数据修正的主要方法作简单介绍。

6.1　天平弹性变形、模型自重力影响的修正

飞行器缩尺模型在风洞中进行多分量纵、横向测力试验时,作用在模型上的气动载荷使天平及其支杆产生弹性变形,使模型实际姿态与风洞中变角机构的指示角度不一致,此时天平轴系与模型体轴系之间的夹角为弹性变形角,所测各量均是天平轴系中的量,为此要进行弹性变形修正,即经轴系转换得到模型体轴系的力和力矩。天平弹性变形影响如图 6.1 所示。

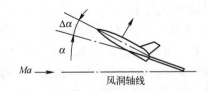

图 6.1　天平杆弹性变形影响

1. 求弹性变形角 $\Delta\alpha$、$\Delta\beta$、$\Delta\varphi$

以内式六分量应变天平为例,求取方法有两种情况:

1) 当天平与模型(加载套筒)水平安装时

静校时,对天平施加校准载荷,同时测出加载装置的角度变化(可用千分表、角度规、水平仪等仪器测量)。根据载荷与角度变化关系,求出弹性变形角修正系数 K_α^N、K_α^m、K_β^n、K_β^z、K_φ^l(加载值用最小二乘法求斜率,K 均取正值)。弹性变形角的求得是根据弹性变形角与载荷成线性关系,然后迭加进行的。弹性变形角求值公式(在 K 均取正值条件下)为

$$\Delta\alpha = K_\alpha^m m + K_\alpha^N N \qquad (6.1)$$

$$\Delta\beta = K_\beta^n n - K_\beta^z z \qquad (6.2)$$

$$\Delta\varphi = K_\varphi^l l \tag{6.3}$$

式中:N 为法向力;m 为俯仰力矩;n 为偏航力矩;z 为侧向力;l 为滚转力矩。

2) 天平、支杆和模型面对来流顺时针同时转 90°时

应当指出,这时 α 机构走的角度是模型的 β 角,β 机构走的角度是模型的 α 角,其攻角 α、侧滑角 β 的正、负号应与模型转 90°后的定义一致。在这种天平、支杆和模型同时转 90°状态下,静校求得各弹性变形角修正系数(水平与 90°不同状态下弹性变形角修正系数 K 值差别较大)。该状态下,弹性变形角 $\Delta\alpha$、$\Delta\beta$、$\Delta\varphi$ 求值表达式同式(6.1)~式(6.3)。

2. 对天平所测得试验数据的修正

风洞试验时,模型上的气动载荷使天平系统产生弹性变形,这时天平轴系与模型体轴系分别差一个弹性变形角 $\Delta\alpha$、$\Delta\beta$、$\Delta\varphi$。天平所测量得到的风洞试验数据均是对天平轴系而言的,所以首先把天平所测试验数据修正到模型体轴系,即

$$A = A'\cos\Delta\alpha\cos\Delta\beta - N'\sin\Delta\alpha\cos\Delta\beta + z'\cos\Delta\beta\sin\Delta\varphi \tag{6.4}$$

$$\begin{aligned}N = {}&N'(\cos\Delta\alpha\cos\Delta\varphi + \sin\Delta\alpha\sin\Delta\beta\sin\Delta\varphi) + z'\cos\Delta\beta\sin\Delta\varphi + \\ &A'(\sin\Delta\alpha\cos\Delta\varphi) - \cos\Delta\alpha\sin\Delta\beta\sin\Delta\varphi\end{aligned} \tag{6.5}$$

$$\begin{aligned}z = {}&z'\cos\Delta\varphi\cos\Delta\beta - A'(\cos\Delta\alpha\sin\Delta\beta\cos\Delta\varphi + \sin\Delta\alpha\sin\Delta\varphi) + \\ &N'(\sin\Delta\alpha\sin\Delta\beta\cos\Delta\varphi - \cos\Delta\alpha\sin\Delta\varphi)\end{aligned} \tag{6.6}$$

$$l = l'\cos\Delta\alpha\cos\Delta\beta + [n' + z'(X_{r_2} - X_{r_1})]\sin\Delta\alpha\cos\Delta\beta - m'\sin\Delta\beta \tag{6.7}$$

$$\begin{aligned}n = {}&l'(\cos\Delta\alpha\sin\Delta\beta\sin\Delta\varphi - \sin\Delta\alpha\cos\Delta\varphi) + m'\cos\Delta\beta\sin\Delta\varphi + \\ &[n' + z'(X_{r_2} - X_{r_1})](\sin\Delta\alpha\sin\Delta\beta\sin\Delta\varphi + \cos\Delta\alpha\cos\Delta\varphi)\end{aligned} \tag{6.8}$$

$$\begin{aligned}m = {}&\lfloor n' + z'(X_{r_2} - X_{r_1})\rfloor(\sin\Delta\alpha\sin\Delta\beta\cos\Delta\varphi - \cos\Delta\alpha\sin\Delta\varphi) + \\ &m'\cos\Delta\varphi\cos\Delta\beta + l'(\cos\Delta\alpha\cos\Delta\beta\cos\Delta\varphi + \sin\Delta\alpha\sin\Delta\varphi)\end{aligned} \tag{6.9}$$

式中:A 为轴向力;X_{r_1} 为天平俯仰力矩参考点到模型头部的轴向距离;X_{r_2} 为天平偏航力矩参考点到模型头部的轴向距离。

3. 模型实际姿态角的修正

模型在风洞试验过程中,模型上的气动载荷使得天平系统产生弹性变形角,这时模型相对气流的姿态角与试验前风洞安装时预置的姿态角不同,因此必须进行修正,求得模型在气流中的实际姿态角。

模型与天平在风洞中水平安装时(且滚转安装角 $\varphi_M = 0°$),其模型相对气流的实际姿态角为

$$\alpha = \arctan\frac{\sin\alpha_1\cos\Delta\varphi - \cos\alpha_1\sin\beta_1\sin\Delta\varphi}{\cos\alpha_1\cos\beta_1} \tag{6.10}$$

$$\beta = \arcsin(\cos\alpha_1\sin\beta_1\cos\Delta\varphi + \sin\alpha_1\sin\Delta\varphi) \tag{6.11}$$

式中：$\alpha_1 = \alpha_M + \Delta\alpha + \Delta\alpha_{cp}$，$\beta_1 = \beta_M + \Delta\beta + \Delta\beta_{cp}$；$\alpha_M$、$\beta_M$ 分别为安装时预置的攻角、侧滑角；$\Delta\alpha_{cp}$、$\Delta\beta_{cp}$ 分别为风洞纵、横向平均气流偏转角。

4. 模型自重力影响的修正

模型都有一定重力，当天平系统开始工作时，即使不吹风，模型的重力也会在天平测力元件中产生读数。随着攻角的变化，模型重力对天平法向力元件、俯仰测力矩元件和轴向测力等元件的影响也在变化。因此，必须进行模型自重力影响的修正。

设模型重力为 G、模型质心到天平力矩参考点的距离为 l，当模型如图 6.2 水平正装时，则可写出下式：

$$\begin{cases} \Delta A_g = G\sin\alpha, & \text{模型自重力对轴向力的增量} \\ \Delta N_g = -G\cos\alpha, & \text{模型自重力对法向力的增量} \\ \Delta m_g = -lG\cos\alpha, & \text{模型自重力对俯视力矩的增量} \end{cases} \tag{6.12}$$

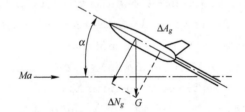

图 6.2　模型自重力的影响

当 $\alpha \leqslant 20°$ 时，通常认为

$$\begin{cases} \Delta A_g \approx G\alpha \\ \Delta A_g = -G \\ \Delta M_g \approx -lG \end{cases} \tag{6.13}$$

由式（6.13）可知，在小攻角范围内模型重力所引起天平法向力元件和俯仰力矩元件的读数随攻角变化很小，模型重力引起天平轴向力元件的初读数较大，而且随攻角接近线性变化，为此对轴向力进行模型自重力影响修正的实用公式为

$$A = A' - G\sin\alpha = A' - K'_A K_{A_g}^{\alpha} \alpha \tag{6.14}$$

式中：K'_A 为天平轴向力元主系数；$K_{A_g}^{\alpha}$ 为模型自重力修正系数。

当 $\alpha > 20°$ 时，根据式（6.14），除修正轴向力初读数外，还要修正法向力、俯仰力矩的初读数。在大攻角范围内不宜用接近线性的公式，而是直接用各个实际攻角下的动态（试验时）的读数减去相应攻角下静态的初读数。

6.2 风洞气流平均偏转角和轴向压力梯度的修正

6.2.1 空风洞气流平均偏转角影响的修正

气流平均偏转角是指风洞试验段模型区气流的平均方向与风洞轴线的夹角。风洞试验要求空风洞流场应当是均匀的,其气流速度沿风洞轴线分布应为常数,且与风洞中心轴线平行,然而这种要求是做不到的。为了描述空风洞流场的均匀性,低速风洞流场品质规范中要求试验段气流平均偏转角要达到 $|\Delta\alpha_{pj}| \leqslant 0.2°$, $|\Delta\beta_{pj}| \leqslant 0.2°$。在风洞设计时要采取各种措施,才能达到规范中关于气流平均偏转角的指标。

在风洞试验段,通常都配备了攻角机构和侧滑角机构。攻角机构指示的攻角,称为名义攻角。名义攻角一般指模型机身轴线与试验段水平面之间的夹角。同样,侧滑角机构指示的侧滑角,称为名义侧滑角。名义侧滑角是模型机身纵向对称面与试验段纵向对称面之间的夹角。

当试验段流场有气流偏角时,相当于风轴坐标系在风洞坐标系中发生了沿攻角或侧滑角方向的旋转。因此,要将试验获得的气动力系数转换到实际的风轴坐标系上。

例如,假设模型的名义攻角为 α,天平测得的升力系数为 C_{Lt},阻力系数为 C_{Dt}。在进行气流平均偏转角修正时,把试验的名义攻角减去该模型的气流平均偏转角就得到了实际攻角 α_r。

实际的升力系数和阻力系数通过下式求得:

$$C_L = C_{Lt} \cos\Delta\alpha_{pj} - C_{Dt} \sin\Delta\alpha_{pj} \tag{6.15}$$

$$C_D = C_{Lt} \sin\Delta\alpha_{pj} + C_{Dt} \cos\Delta\alpha_{pj} \tag{6.16}$$

由于气流平均偏转角是小量,气流平均偏转角对 C_L 的修正量很小,但是对 C_D 的修正量却不可忽视。

下面介绍通过测量模型正装和反装状态的气动力来求得气流平均偏转角,如图 6.3 所示。正装模型试验测出升力 L_1 对名义攻角 α_1 的曲线 $L_1 = f(\alpha_1)$,反装模型试验测出升力 L_2 对名义攻角 α_2 的曲线 $L_2 = f(\alpha_2)$,如图 6.4 所示。假设气流有一个向上的平均偏转角 $\Delta\alpha$,模型正装时,模型的实际攻角为

$$\alpha = \alpha_1 + \Delta\alpha$$

模型反装时,模型的实际攻角为

$$\alpha = \alpha_2 - \Delta\alpha$$

对同一个模型来说,当升力 $L_1 = L_2$ 时,模型正装和模型反装的实际攻角应该相等,即

$$\alpha_1 + \Delta\alpha = \alpha_2 - \Delta\alpha$$

故气流平均偏转角为

$$\Delta\alpha = \frac{1}{2}(\alpha_2 - \alpha_1) \tag{6.17}$$

用上式求气流平均偏转角时,升力曲线一般要取在线性段。同样,可以通过测量正反装模型的侧力来测定水平方向的气流平均偏转角 $\Delta\beta$。

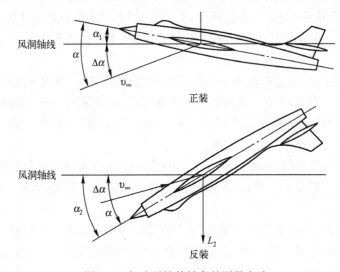

图 6.3 气流平均偏转角的测量方法

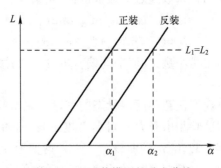

图 6.4 正反装模型的升力曲线

需要说明的是,气流平均偏转角是指模型浸润区内气流方向场对该模型作用的综合效果,同一座风洞,对不同的模型,气流平均偏转角是不相同的,因此需对每

128

个试验模型测定气流平均偏转角。当然,对外形布局相似、尺寸相近的模型,气流平均偏转角不会相差太大。

用正反装模型的力矩特性同样可以测量平均气流偏角。一般来说,它和用升力曲线测得的气流平均偏转角不相等,因此在平均气流偏角的测量和使用时,需要加以说明。

气流平均偏转角还可以通过工程数据库的方法计算得到。在风洞中预先进行不同平面形状机翼的平均气流偏角试验,建立二维数据库,然后按机翼平面形状进行插值,从而得到相应模型的气流平均偏转角。这种方法比较省事,但可能包含一定误差,因为除风洞自身的试验状态可能不同外,模型的稍许差异,模型在试验段中的位置不同,都会导致误差。

每座风洞在流场校测时都仔细测量了风洞试验段中心截面和前后数个截面的方向场。利用风洞流场校测结果也可以求得平均气流偏角。一种方法是可以在某个展向位置绘制点流向沿局部弦长变化的曲线图,积分曲线下所包容的面积,然后除以该局部弦长,即认为该值是这个展向位置的气流平均偏转角。类似地,绘制气流平均偏转角沿展向位置变化的曲线,积分曲线下所包容的面积,除以展长,即认为该值代表模型的气流平均偏转角。显然,这种方法求得的气流平均偏转角没有包含机身和平尾的贡献。

利用流场校测结果求平均气流偏角的另一种方法是数值计算。这种方法的思路是:在模型表面网格的控制点处,计算出由于控制点处局部气流偏角引起的来流法向速度增量,然后把该增量叠加到法向不穿透条件上,计算有无偏角影响的差别,可以得到平均气流偏角以及气动增量。这种方法计算工作量大。

6.2.2 空风洞流场轴向压力梯度影响的修正

空风洞流场中,沿 x 轴向的速度或马赫数分布不均匀时,则在空风洞流场的轴向上存在静压梯度。这个压力梯度将对试验模型产生一个附加的水平方向的"浮阻",该"浮阻"不是试验模型上应有的气动力,而是流场品质引起的附加量,必须予以修正。

1. 三维试验模型浮阻

空风洞中的流场是速度场、方向场、压力场、温度场等物理场的综合。压力场 $p(x,y,z)$ 是流场的重要组成部分。在实际风洞流场校测中,这个压力场 $p(x,y,z)$ 函数的解析式是很难得到的。通常是沿风洞轴向测量空风洞流场的压力值(也可用沿风洞轴向测量马赫数的分布),然后用最小二乘法求出沿风洞轴向上的压力梯度 $\mathrm{d}p/\mathrm{d}x$ 的值,即

$$\frac{\mathrm{d}p}{\mathrm{d}x} = \frac{\sum\limits_{i=1}^{n} x_i \sum\limits_{i=1}^{n} p_i - n \sum\limits_{i=1}^{n} x_i p_i}{\left(\sum\limits_{i=1}^{n} x_i\right)^2 - n \sum\limits_{i=1}^{n} x_i^2}(\alpha_2 - \alpha_1) \tag{6.18}$$

或用马赫数梯度$\dfrac{\mathrm{d}Ma}{\mathrm{d}x}$表示,即

$$\frac{\mathrm{d}Ma}{\mathrm{d}x} = \frac{\sum\limits_{i=1}^{n} x_i \sum\limits_{i=1}^{n} Ma_i - n \sum\limits_{i=1}^{n} x_i Ma_i}{\left(\sum\limits_{i=1}^{n} x_i\right)^2 - n \sum\limits_{i=1}^{n} x_i^2}(\alpha_2 - \alpha_1) \tag{6.19}$$

求出空风洞流场轴向压力梯度 $\mathrm{d}p/\mathrm{d}x$ 或轴向马赫数梯度$\dfrac{\mathrm{d}Ma}{\mathrm{d}x}$之后,则可由下式计算附加在模型水平方向上的浮阻系数:

$$\delta C_{D0} = \frac{V}{q_\infty S} \cdot \frac{\mathrm{d}p}{\mathrm{d}x} \tag{6.20}$$

$$\delta C_{D0} = \frac{2V}{Ma(1+0.2Ma^2)S} \cdot \frac{\mathrm{d}Ma}{\mathrm{d}x} \tag{6.21}$$

式中:p_i 为相应 i 坐标值下的压力值;Ma_i 为相应 i 坐标值下的马赫数值;V 为试验模型总体积。

根据国内标模试验大纲规定:当 $\delta C_{D0} \leqslant 0.01 C_{D0}$ 时,一般可忽略不计,不予修正;当 $\delta C_{D0} > 0.01 C_{D0}$ 时,则要修正该浮阻系数 δC_{D0}。

2. 二维翼试验模型浮阻系数的修正

对二维翼试验模型通常可用下列公式求得浮阻系数:

$$\delta C_{D0} = -\frac{\pi}{2S}\lambda t^2 \frac{\mathrm{d}c_p}{\mathrm{d}x} \tag{6.22}$$

式中:$c_p = \dfrac{p-p_\infty}{q_\infty}$;$\lambda$ 为翼型水平浮力修正形状因子;t 为翼型厚度。

浮阻系数 δC_{D0} 的修正标准同上。

6.3　支架干扰修正

支架对模型绕流的影响,特别是对阻力的影响很大,对模型底部压力分布有着直接的干扰,从而使试验数据的测量结果带入了一定的干扰影响,必须给予修正。采用理论方法求取支架干扰量比较困难,通常是采用试验方法测得。但是,只有测

量系统具有较高的精确度和灵敏度时,用试验方法测得支架干扰量才准确。

对于模型腹支承框式机械天平所测之量包含着支架本身的气动量和干扰量,这时可采用消除支架影响的镜像系统来得到真正试验模型的气动量。

采用镜像支架扣除干扰量有三步法和二步法。三步法比较麻烦,不仅要增设上洞壁变角机构,而且吊挂模型安装很不方便,也不安全,对生产性风洞实用意义不大。因此一般不采用此法,而是采用二步法,如图6.5所示。

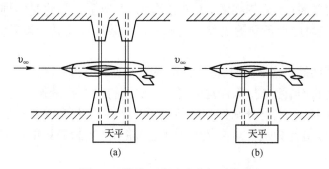

图6.5 镜像二步法求支架干扰量
(a)模型反装在主支架上,镜像支架与主支架建在一起;(b)模型反装在主支架上,无镜像支架。

二步法求支架干扰量分为如下三个步骤:

(1)模型反装 $R_{(-M)}$、带镜像支架并连接模型:
$$R_{m_{(1)}} = R_{(-m)} + T_{(-)} + I_{(-)} + T_{(+)} + I_{(+)}$$

(2)模型反装 $R_{(-M)}$:
$$R_{m_{(2)}} = R_{(-m)} + T_{(-)} + I_{(-)}$$

(3)模型正装 $R_{(+M)}$:
$$R_{m_{(3)}} = R_{(+m)} + T_{(+)} + I_{(+)}$$

因此,模型气动量由下面关系式确定:
$$R_{(+m)} = R_{m_{(3)}} - (R_{m_{(1)}} - R_{m_{(2)}}) \tag{6.23}$$

式中:R_m 为模型各气动量测量值;T 为支架本身的气动量;I 为支架对模型、模型对支架以及风挡之间的相互干扰量。

支架干扰量扣除时有两点要注意:

(1)应注意到由于模型反装,它在试验段中的状态(如 α、β)相对天平而言刚好相反,所以正装模型时 α、β 的测量值要相应扣除 $-\alpha$、$-\beta$ 时的干扰量;

(2)干扰量具有方向性。用下式表示干扰量 ΔR_I 则有
$$\Delta R_I = \pm(R_{m_{(1)}} - R_{m_{(2)}})$$
$$R_{(+m)} = R_{m_{(3)}} \mp (R_{m_{(1)}} - R_{m_{(2)}}) \tag{6.24}$$

式中:(-)表示反装;(+)表示正装。

在式(6.24)中,如果是阻力或滚动力矩干扰量,式中取"-"号;其他分量均取"+"号(不管括号中干扰量是正、是负)。

支架干扰修正是一项很复杂的工作,对气动力测量精确度有直接影响,根据经验有下面几点可供参考:

(1)全模型带外挂物,其支架干扰量的影响不可忽视。

(2)随着舵面(主要指襟翼)偏转角增加,支架干扰量将是不同的。在进行有、无舵面偏转时应做不同的支架干扰试验。如果舵面偏转角度较多时,可线性内插。

(3)不同部件组合试验时,应安排不同的支架干扰试验。

(4)有地板时,除要扣除带地板时二步法测得的干扰量外,还要消除地板对支架系统的干扰,一般是分别作带地板的单独支架及去地板的单独支架的吹风试验,两者的差值作为地板对支架的干扰量,随着离地板高度的增加这种影响逐渐减弱。

(5)支架干扰量的试验点的分布一般较分散,应先使曲线光滑,然后取值。

如果模型是旋成体,二步法可再简化,因模型对称,不必反装模型,只要模型正装及装镜像支架两次即可。

随着风洞测试技术的发展,目前机械式天平正逐渐被应变式天平所取代。由于应变式天平体积小,又采用尾支撑方式,支架干扰所占比重明显减小,因而有时可忽略其影响,不作修正。尾支撑系统的干扰,也可以类似地采用腹支撑模型测量,比较加与不加尾支杆状态来获得支架干扰量。

模型尾部由于支杆的存在,改变了模型底部流动状态,影响模型底部的压力分布,需要对模型底部阻力进行修正。不同粗细、长度、锥度的尾支杆对模型底部压力分布影响也不同。为了保证风洞试验数据可靠,通常把模型底部压力修正到与自由来流静压一样,即所提供的阻力为模型的前体阻力。

6.4 洞壁干扰修正

模型在风洞中试验,由于四周有风洞壁的存在,使得模型的绕流与真实飞行器的绕流状态有较大的差异,一般把洞壁的存在造成洞壁与试验模型之间的相互干扰,称为洞壁干扰。洞壁干扰对模型试验数据的准确度有严重的影响。

图 6.6 和图 6.7 给出了一个二维翼型在自由大气和风洞中的流线图。在风洞中,由于洞壁的存在,限制了模型引起的流线弯曲与扩散,使绕模型的流场与实物在大气中的流场不同。我们把这种流场的差异称为洞壁对模型的阻塞效应

和升力效应。

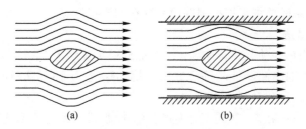

图 6.6　洞壁干扰阻塞效应示意图
(a)自由大气中;(b)风洞中。

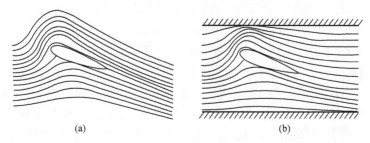

图 6.7　洞壁干扰升力效应示意图
(a)自由大气中;(b)风洞中。

　　洞壁干扰的修正,只有当模型试验中的测量系统比较准确时,洞壁干扰量的求
得及修正才更有意义。

1. 镜像法

　　镜像法以布置奇点的方法来模拟试验模型(如用涡模拟模型的升力效应,用
源汇模拟模型的体积效应),又以这些奇点的镜像来代替风洞试验段边界。通过
基本流动的模拟,把一个有边界的流动变为无边界的流动。以导弹模型为例,其弹
翼的绕流可以近似地用升力线涡和一对尾涡组成的涡系来模拟;弹体可以用源–
汇组成的源–汇系来模拟;尾流则可用一个源来代替。

　　低速低湍流度风洞的洞壁绝大多数是实固壁,实固壁洞壁的边界条件是沿
洞壁法向方向上的速度为零,因此适合采用镜像法。处理这些洞壁干扰时,对升
力干扰、阻塞干扰是分别进行的。当计算洞壁的升力干扰时,则以洞壁为边界形
成镜像涡系,这些镜像涡系的无限叠加便是该洞壁边界对该涡中心点处的升力
干扰。同理,对于洞壁和模型厚度产生的固体堵塞效应采用源–汇系,以洞壁为
边界构成的镜像源–汇系来模拟,这些镜像源–汇系的无限迭加便是实体阻塞干
扰;对于尾流阻塞干扰也是以洞壁为边界形成源的镜像源系的无限迭加便是尾
流阻塞干扰。

总之,镜像法就是以风洞实壁为边界,形成镜像的涡系或者形成镜像的源-汇系,用这种镜像系的叠加来模拟洞壁边界存在的干扰效应。

2. 壁压信息法

壁压信息法是一种试验与计算相结合的洞壁干扰修正方法。该方法是在进行模型试验的同时测出洞壁处的静压分布或扰动速度,这种洞壁静压分布(扰动速度)实际上是由两种扰动场所引起的。

(1) 模型(自由状态)在洞壁处所产生的扰动,即模型的远场扰动。

(2) 洞壁干扰所产生的扰动,即洞壁近场扰动。

模型远场扰动是已知的(可用数值计算方法求出),所以从测得的洞壁静压分布中扣除这部分干扰的贡献,可得到洞壁近场扰动。据此可以求得洞壁上的基本解分布,再由此基本解分布算出在模型表面上的洞壁干扰速度 Δu、Δv、Δw,从而得到模型受洞壁干扰的气动力。由于壁压信息法是从实测的洞壁静压分布直接算出洞壁上的基本解分布,这就回避了有限基本解法求洞壁干扰时,需预先知道洞壁特性这一难点。此外,壁压信息法无须对试验模型及尾流作理论的描述与推测,只须用实测洞壁压力分布(或扰动速度)求解固定在适当位置上若干简单线源与线涡的强度分布,使其在风洞试验段边界一定位置上诱导的压力分布与试验模型相同。因此,壁压信息法不仅可用于小、中、大攻角模型试验的洞壁干扰修正,也适用于带大功率动力、高升力模型试验的洞壁干扰修正。这些优点是经典的镜像法和有限基本解修正方法无可比拟的。当计算机与风洞一体化后,壁压信息法的优越性就更显著了。

3. 试验修正法

洞壁干扰的试验修正方法有两种:

(1) 利用同一模型分别在小风洞和大风洞作对比试验,将大风洞的试验数据视为无洞壁干扰数据,用此无干扰的数据求出小风洞的洞壁干扰修正因子。

(2) 利用一套三个以上几何相似而缩比不同的模型,在同一风洞中作试验,将所得试验数据外插到模型几何尺寸为零(即无洞壁干扰)的结果,从而求得洞壁干扰量。这种方法的主要缺点是:首先,一组缩比不同的模型,除非外形很简单,否则要加工成几何完全相似的若干模型是很难的;其次,不同尺寸模型的风洞试验,要保持雷诺数完全相同也是不容易的。若试验雷诺数不同,则又引入了雷诺数对试验数据的影响,且很难将洞壁干扰与雷诺数效应这两个因素分开;另外,一组模型的加工、试验工作量及费用都是很大的。所以这种方法未被广泛采用。

除了以上几种修正方法,还有有限基本解法和自修正风洞法。有限基本解法计算洞壁干扰是目前运用较广的一种方法。优点是:不受试验段横截面形状、洞壁特性的限制,模型模拟较准确以及能计算出全弹模型上各点的洞壁干扰速度,这比镜像法前进了一大步。缺点是:气流速度不能大于翼面上的激波达到洞壁所对应的速度。由于该方法基于线性化的偏微分方程,所以不适合于计算大攻角有严重分离情况下的洞壁干扰。此外,该方法必须预先知道洞壁的透气性参数。

自修正风洞的基本思想,简单地说就是在给定风洞流场、模型及其姿态下,在距模型表面适当远处选择恰当的控制面。在该控制面上选择有限个点,测量在这些点上的各个扰动速度分量 u_m、v_m、w_m;另外认为控制面及其以外区域所受到的扰动足够小,能够满足小扰动速度位方程。在无约束流动条件下建立控制面以外流场区域某些参数(如扰动速度)的函数关系,利用该函数关系计算出模型的扰动速度在控制面相应测量点上的 u_c、v_c、w_c 值的分布。如果测量值与计算值不一致,则说明该模型周围流场仍受洞壁的约束,这时就用将驻室所分成若干独立的小方格(每个小方格又相当于一个小驻室)中的抽气或吸气装置来调整流经洞壁的流动状态。重复上述过程,一直调整到所测量的速度分量与无边界约束流动的边界条件下所计算的结果一致时(即所测量的参数满足无约束流的函数关系时),即可进行正式风洞试验,其试验结果为无洞壁干扰的结果。

6.5　雷诺数影响的修正

在风洞试验中,试验雷诺数要比真实飞行器的飞行雷诺数低 1~2 个量级。通常风洞的 $Re=2\times10^6\sim4\times10^6$,而真实飞行器的飞行 $Re=2\times10^7\sim8\times10^7$。因此,常规风洞只能保证马赫数相似,而 Re 远不能达到要求,导致风洞试验与真实飞行时的气动特性有较大差异,这种差异称为雷诺数效应。通常在附着流情况下可进行雷诺数修正来解决这种气动差异。

风洞中的气流湍流度和雷诺数与真实飞行状态下的差别会综合影响试验模型边界层的性质、转捩位置和分离位置。大型飞行器在大气中飞行时,其边界层的转捩点一般在机翼前部附近,为使模型上与真实飞行器上边界层转捩点位置接近,在低、亚、超声速范围内,常采用人工固定转捩的方法来实现,这样为数据进一步进行 Re 影响修正带来方便。

风洞常规测力试验中,雷诺数对最小阻力系数 C_{Dmin}、最大升力系数 C_{Lmax} 以及由升力引起的阻力影响最大,必须进行修正。而对零升力矩系数和小攻角 α、小侧滑角 β 范围内的各个气动导数影响相对较小,可忽略不计。大量风洞试验证明:在低速风洞试验中采用粗糙带(或绊线)进行人工固定转捩,只要粗糙带的粗糙度和绊线的直径选择合适,可以使模型转捩点接近真实飞行器的相应转捩位置,其模型试验结果令人满意。由于模型与真实飞行器雷诺数相差很大,流动特性也不一样,雷诺数值越小,模型翼面后缘附近湍流边界层的相对厚度越厚,分离就越严重,而分离又是粘性与非粘性流动相互干扰的一种复杂流动。

在低速风洞中，雷诺数的影响往往是和风洞湍流度混合在一起的。雷诺数增加时转捩点往前移，自由来流湍流度越高转捩点也越靠前，为此常采用有效雷诺数 Re_e 来描述 Re 与湍流度的综合作用。令湍流因子为 TF，临界雷诺数为 Re_{cr}，则

$$TF = \frac{385000}{Re_{cr}} \tag{6.25}$$

由于 $Re<385\,000$，所以 $TF>1$，而有效雷诺数 Re_e 为

$$Re_e = TF \cdot Re \tag{6.26}$$

1. 对最小阻力系数 C_{Dmin} 的修正

雷诺数效应对最小阻力系数 C_{Dmin} 影响最大，即对摩擦阻力影响最大。对于旋成体或当飞行器上下对称时最小阻力系数就等于零升阻力系数 C_{D0}。最小阻力系数在对数坐标系内 C_{Dmin} 与 Re 为线性关系。根据这个特性，可方便地利用外插求得任意 Re 下所对应的 C_{Dmin}。

2. 对最大升力曲线的修正

1）平移试验曲线法

模型在风洞试验时的最大升力系数 C_{Lmax} 与风洞试验时的有效雷诺数 Re_e 有直接关系，所以对最大升力系数 C_{Lmax} 的修正，应根据实际飞行的雷诺数 Re_f 与风洞试验的有效雷诺数 Re_e 之差值进行。由图 6.8 可知，升力线斜率 C_L^{α}（线性部分）基本不随 Re_e 变化，只是最大升力系数 C_{Lmax} 和临界攻角 α_{cr} 随 Re_e 增大而增大。

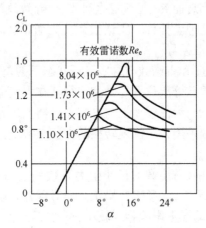

图 6.8　Re_e 对 $C_L = f(\alpha)$ 曲线的影响

现将典型翼型的 C_{Lmax} 雷诺数效应的修正具体步骤简介如下：

（1）把试验数据绘成升力曲线 $C_L \sim \alpha$，并把线性部分向上延伸。

（2）估算出真实飞行雷诺数 Re_f 下的 $C_{Lmax,f}$，并过该值点作与 α 横轴的平行线 l（图 6.9）。

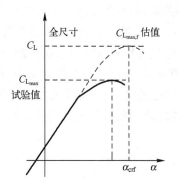

图 6.9　$C_L = f(\alpha)$ 曲线的修正方法

（3）把试验得到的 $C_L \sim \alpha$ 曲线的非线性部分向上平移，使之与直线 l 相切为止，然后把有此切点的非线性曲线部分再向右平移，使之曲线部分与线性部分光滑连接，即可得到一条新的真实飞行器飞行时的 $C_L = f(\alpha)$ 曲线。因此对试验模型最大升力系数 C_{Lmax} 的修正，实际也是对试验升力曲线 $C_L = f(\alpha)$ 的修正。修正后所得的新的升力曲线的最大值 $C_{Lmax,f}$ 对应的攻角就是修正后的临界攻角 α_{crf}。

2）用原准机法对模型 C_{Lmax} 进行修正

原准机风洞试验的 $C_{Lmax,M}$ 与真实飞行时的 $C_{Lmax,f}$ 的差值，就作为模型试验最大升力系数的修正量。即

$$\Delta C_{Lmax,Re} = C_{Lmax,M} - C_{Lmax,f} \tag{6.27}$$

3）理论计算法对 C_{Lmax} 进行修正

用计算的方法分别计算出飞行器在飞行雷诺数 Re_f 下的 $C_{Lmax,f}$ 和风洞试验时有效雷诺数 Re_e 下的 $C_{Lmax,M}$，其差值就作为模型风洞试验数据 C_{Lmax} 的修正量。

6.6　风洞试验数据与飞行试验数据的相关性

由于风洞环境和模型环境的不完全模拟，导致风洞试验数据与飞行试验数据有较大差别。其最初始的风洞试验数据须经过一系列有效的修正，直到"最终应用气动数据"后，才能提供飞行器性能计算和设计使用。如何对风洞试验数据进行一系列修正，首先要确定哪些是导致风洞试验数据与飞行试验数据存在差别的主要相关因素，这些差别究竟多大？认真探讨、总结、进行相关性分析研究。相关性研究更涉及利用试验、经验、理论与试验结合、空气动力学理论以及数值计算等

多种手段与方法,以飞行试验数据为依据,建立有效可行的风洞试验修正体系。

　　作为相关性的研究,首先寻找导致风洞试验数据失真的根源,风洞"环境"和"模型"本身的不模拟是导致风洞试验数据失真的两个主要根源;另外就是风洞试验的误差。这种误差由系统误差、偶然误差、半系统误差构成。相关性研究的大致过程是:选定校验模型,进行流场校测,确定流场品质;进行模型风洞试验,给出试验误差,对风洞试验数据和误差进行分析;开展气动辨识研究、完成飞行试验,风洞试验数据与飞行试验数据的比较结果,确定修正方法,完成第二阶段修正,进而得到风洞标准气动数据和误差;建立数据库形式的计算软件系统。

第七章　低湍流度风洞基础试验程序与方法

7.1　风洞试验模型

风洞试验的对象一般为模型或根据试验需要改装的原型(实物)。为了保证模型试验的流场与真实物体所处流场相似,应用相似理论,在设计模型时,首先保证模型与原型几何相似。虽然模型的外形与原型完全相似,但模型的结构与原型并不一样。模型的设计一方面应在满足试验大纲所确定试验内容的要求下力求简单、易于装拆、便于使用;另一方面还必须考虑模型与风洞设备的配合要求以及现有的模型加工设备和制造工艺。风洞试验模型的设计要求主要包括:确定模型尺寸、模型外形要求、校核模型的强度和刚度、模型加工精度和表面粗糙度要求、模型总装技术要求、测压模型的特殊要求等。

7.1.1　风洞模型的设计步骤

低速低湍流度风洞试验模型设计应遵从以下设计步骤:
(1)根据风洞的尺寸确定模型的缩比。
(2)根据几何相似的要求确定模型外形尺寸。
(3)根据试验大纲规定的试验目的和要求确定模型的支撑方式和结构形式,并确定模型所用的材料。
(4)根据估算的空气动力载荷校核模型的强度和刚度。
(5)确定模型加工精度及表面粗糙度。
(6)确定模型的总装技术要求。
模型最终的外形检验需在模型喷漆完毕后进行。在设计模型时,还必须考虑模型的保管和运输。

7.1.2　相似理论的应用

试验相似性准则是决定模型设计主要参数(如模型的几何尺寸、质量和刚度等)的主要依据。应用这些相似准则将风洞试验条件下取得的数据换算到大气飞

139

行条件下要求的数据。前面讨论了空气动力学一般的相似理论,但完全相似的流动很难达到。在解决实际工程问题时,往往根据具体情况,抓主要矛盾,忽略一些次要因素。对一个具体问题,只考虑起主要作用的力的相似,使这些力对应的相似准则同量,而对起次要作用的力予以忽略。例如:

(1) 流动是恒定的,则 Sr 可以不考虑。

(2) 无粘流体或 Re 很大的流动,则可以不考虑 Re。

(3) 流场中重力与其他力相比是小量,则 Fr 可以不考虑。

(4) 流体的压缩性很小,或流速很低,则 Ma 可不考虑。

(5) 流场中压力为常数,则 Eu 可忽略。事实上,由于压力是在其他力的作用下产生的,因此 Eu 不是独立的,它常常是其他相似准则的函数。当 Fr、Re 和 Sr 同时满足时,Eu 自然也满足。

7.1.3　模型尺寸和模型外形

模型尺寸的确定原则是:模型要有较大的尺寸,以尽量提高模型试验的雷诺数;试验时模型应能在风洞试验段均匀流场区域内,这样就可避免模型区流场不均匀对试验数据的影响。

确定低速低湍流度风洞试验模型的尺寸,通常采用的原则是试验模型的迎风面积不超过风洞试验段横截面积的 5%。对于较大展弦比的飞机模型,展弦比不小于 8 时,机翼翼展不超过试验段宽度的 70%;展弦比在 3~8 之间时,机翼翼展和试验段宽度之比取 50%~65%;对于小展弦比的飞机模型(展弦比小于 3 时)和导弹、火箭等细长体模型,则按风洞试验段可用长度和模型攻角的大小来确定模型的尺寸,一般其长度不超过风洞试验段长度的 70%,大攻角时模型的迎风面积应小于试验段截面积的 5%。对于大攻角试验(α 为 0°~90°)模型,其翼面积应小于试验段横面积的 1%。对于二元试验模型,翼型弦长一般不应超过风洞试验段高度的 1/3。

模型总体尺寸确定后,即可定出模型相对原型的百分比即模型的缩比。

在设计模型时,必须遵循"相似准则",保证模型主要几何外形与原型完全相似。对于原型上小的外露物和凸出物,如天线、风速管、炮口、铆钉等以及表面粗糙度和波浪度等,按比例缩小时,它们的雷诺数较小,可以不做几何相似模拟。但是,对喷气发动机的进气口和尾喷口以及边界层等就不能用简单的几何相似来模拟,而必须用一些特殊的模拟方法。

进行常规测力和测压试验时,模型上发动机的进气口和尾喷口都是堵死的。为了使模型外部的绕流与原型相似,对喷气发动机的进气口和尾喷口可用进气道堵块和尾喷口堵块近似模拟。

模型的外形尺寸确定后,就可根据模型的比例,把模型各部分的外形尺寸确定下来。

7.1.4 模型结构

模型的外形与原型保持几何相似,而模型的结构与原型并不一样。模型结构形式的选择与试验大纲所规定的试验内容有关。在满足试验要求的前提下,模型结构应力求简单,其部件互换性好,拆装方便,易于调整,在多次拆装时,零部件重复定位精度高。在确定模型结构时,还应考虑模型在风洞中的支撑方式、模型与风洞设备的配合要求、材料选取以及加工设备和制造工艺。

确定模型结构必须考虑零部件的材料,材料的性能在一定程度上影响零部件的结构形式。对于低速低湍流度风洞试验的模型,其各部分可根据气动载荷的大小分别选取不同的材料。常用的材料有木材、金属、玻璃钢等。

木材容易加工,密度小,且有较好的力学性能,是模型设计的常用材料,如核桃木、楠木、红松和精制层板等。楠木的木纹细致,易于加工,可用来加工机身;红松木的木纹细致、光滑,而且较楠木硬,可用来加工机身和后缘较厚的机翼。核桃木的木质坚硬,不易变形,抗拉强度高,容易保证机翼前后缘的准确度,可用来加工后缘较薄的高速翼型。

金属材料有很好的机械性能和加工性,可作为模型载荷较大或小而薄的零件材料,如模型接头、尾翼和舵面等。模型常用的金属材料有钢、铝合金等。

确定了模型的材料后,对模型的主要承力部件要进行强度和刚度校核,对于不能满足试验要求的部件,必须重新选择材料。

在设计模型结构时,应根据试验大纲的内容,确定模型在风洞中的支撑方式。但不论采用哪种支撑方式,确定模型结构时都应当注意以下几点:

(1)天平力矩分解中心尽可能与模型力矩参考点一致。

(2)模型在支架系统上的旋转中心尽量靠近模型质心。

(3)采用两点式腹撑时,主支杆及镜像主支杆要插入机身内部,因此机身腹、背部均要开槽,开槽长度必须满足模型攻角变化的需要。

(4)选用尾撑支撑方式,在设计机身时,必须根据尾撑支杆直径大小,考虑应变天平信号线拖出等条件来确定机身的内腔空间。

(5)为了便于模型平台检验和进洞安装调整,应在模型零部件的配合面上设计一个基准平台,便于用高精度光学仪器测量模型安装角。

在进行模型结构设计时,还应考虑模型与风洞设备的配合要求。如天平的选取,模型与天平的连接,模型与支架系统的配合,以及其他风洞设备的配合要求。在设计测压模型时,尽可能在模型内腔布置扫描阀的安装位置和空间。对于从模型上拖出的测压管、线缆、管路的位置,在模型设计时,应从绕流干扰小的位置引出。对于一些特种试验模型,如带动力试验中动力电机及水冷管道,动力线缆的布局安排,特殊测量仪器(热线风速仪、加速度传感器、实际攻角传感器等)的安装协调,吹风或喷流试验的高压气管路等,在模型设计结构时均需留有合适的空间或作合理的敷设。

7.2　压强与速度测量

7.2.1　试验目的

(1) 掌握风洞中静压、动压与总压的概念及测量方法;
(2) 掌握使用皮托管进行风速测量的方法;
(3) 掌握 U 形管和斜管微压计的使用;
(4) 深入理解低速气流的伯努利方程。

7.2.2　试验原理及方法

1. 空气密度的测量

空气密度可以利用气体状态方程,通过测量大气压和温度来计算求得:

$$p = \rho RT \tag{7.1}$$

$$\rho = \frac{p}{RT} \tag{7.2}$$

2. 伯努利原理与风速测量

低速流动时,速度与压力满足伯努利方程:

$$\Delta p = p_0 - p_\infty = \frac{1}{2}\rho V_\infty^2 \tag{7.3}$$

变形可得

$$V_\infty = \sqrt{\frac{2\Delta p}{\rho}} \tag{7.4}$$

在低速流动情况下,空气的密度可以认为是一个已知的固定值。所以,只要测得总、静压差就可求得速度。

3. 皮托管法风速测量

皮托管由法国工程师皮托(Pitot)于 1732 年左右发明,用于测量流场中某点的总压,同时可测总压静压的皮托管又称 Prandtl 管,测出总静压差之后,就可以根据伯努利原理来求出该点的风速,故又称风速管。

142

用于低速流动速度测量的风速管如图 7.1 所示。

实际应用中,由于风速管制造上的原因,会给测量带来一定误差,可通过动校求出修正系数以消除此误差。

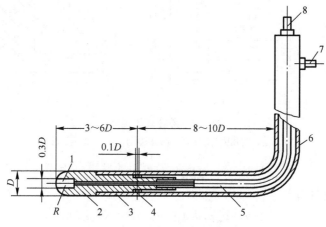

图 7.1　皮托管示意图

1—总压测孔;2—感测头;3—外管;4—静压孔;5—内管;6—管柱;7—静压引出管;8—总压引出管。

7.2.3　试验设备

1. 低湍流度风洞

本试验使用航天工程大学航空宇航推进与先进流动控制试验室的直流式低湍流度风洞。

2. U 形管压强计

U 形管压强计如图 7.2(a)所示,可以测量两管之间的压强差。

被测压强与参考压强之间的压强差为

$$p_1 - p_2 = \rho_{ye} g \Delta h \tag{7.5}$$

式中:ρ_{ye} 为测量液体密度;g 为重力加速度;Δh 为 U 形管两端量液面高度差。

常用的量液有酒精、水和汞等。

3. 单管压强计

单管压强计如图 7.2(b)所示。

导入压强 p_1 和 p_2 后($p_1 > p_2$),液壶中液面下降 Δh_1,玻璃管中液面升高 Δh_2,于是

$$p_1 - p_2 = \rho_{ye} g \Delta h = \rho_{ye} g (\Delta h_1 + \Delta h_2) \tag{7.6}$$

设液壶横截面积为 A_1,玻璃管内横截面积为 A_2,有

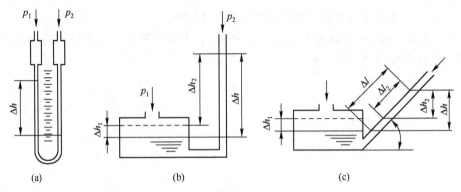

图 7.2　液柱式压强计

(a)U 形管压强计;(b)单管式压强计;(c)斜管微压计。

$$\Delta h_1 A_1 = \Delta h_2 A_2 \tag{7.7}$$

则压强差可改写为

$$p_1 - p_2 = \rho_{ye} g \Delta h_2 (1 + A_2/A_1) = K\rho_{ye} g \Delta h_2 \tag{7.8}$$

式中:K 为压强计修正系数。

4. 斜管微压计

如果把单管压强计的玻璃管倾斜某一 φ 角(常取为 30°),如图 7.2(c)所示。玻璃管内液面的位移量增大值为

$$\Delta l = \Delta h / \sin \varphi \tag{7.9}$$

相当于在读取 Δh 时,把 Δh 放大 $1/\sin \varphi$ 倍,显著地提高了压强测量的灵敏度,可以用来测量很小的压强差,故这种压强计叫做斜管微压计。

同理,引入压强计修正系数 K,则

$$\Delta h = K\Delta l_2 \sin \varphi \tag{7.10}$$

式中:K 需要通过校准方法确定。

5. 数字式环境参数测量计

数字式环境参数测量计,可以同时测量环境大气压、环境温度和湿度,并在面板上显示,同时还可以通过 RS485 接口连接至计算机。

7.2.4　试验内容

将皮托管安装在风洞试验段,将其总压、静压分别接入两个 U 形管的一端,U 形管的另一端直通大气,测量皮托管的总压及静压值;在皮托管断面附近的试验段壁面上,引出两个静压测量点,将其静压接入另外两根 U 形管,并同时将皮托管的总压、静压分别与斜管微压计的总、静压接入端相连接,测量气流的动压值。

在不同风速下对试验段气流的总压、静压及动压进行测量,并计算其风速。

144

7.2.5 试验步骤

(1) 连接、安装相关设备；

(2) 检查风洞及测试设备；

(3) 读取斜管的初始液面位置并记录；

(4) 记录环境参数；

(5) 启动风洞；

(6) 检查风洞运行情况；

(7) 从零开始调节风速,在不同的风速下稳定后读取 U 形管及斜管的液面位置并记录,注意速度的调节间隔；

(8) 在不同的风速下测量完成后,风洞关机；

(9) 整理试验记录；

(10) 整理试验室；

(11) 处理数据,撰写试验报告。

7.2.6 试验报告要求

(1) 利用两根 U 形管所测得的总压和静压来计算试验段气流的总、静压差并进而计算气流速度；

(2) 利用斜管测得的动压计算气流速度；

(3) 绘制试验段气流总压、静压和动压随速度的变化曲线。

7.2.7 思考题

(1) 试验结果中存在哪些主要的误差来源,应如何处理及应对,如何减小误差？

(2) 试验段气流总压、静压和动压随速度如何变化？

7.3 风洞常数及消耗功率测量

7.3.1 试验目的

(1) 测量风洞常数(动压修正系数)；

(2) 测量风洞的能量比；

(3) 理解落差法控制风洞试验段风速的原理；

(4) 理解电机驱动功率与试验段风速的关系。

7.3.2 试验原理及方法

1. 压强落差法测量试验段风速

把风速管放在流场中待测点进行测量,就可得到该点的气流动压。但是在风洞试验时,试验段安装了模型,不能再装风速管。如果风速管在模型附近,模型和风速管相互产生干扰,气流动压也难于准确测量。

将测得的稳定段下游和试验段入口处的静压差代入伯努利方程和连续方程,即可求得试验段风速 V_2,压差公式如下:

$$\Delta p = \frac{1}{2}\rho V_2^2(1+k-A_2/A_1) \tag{7.11}$$

式中:k 为两截面压力损失系数,由校测确定;A_1、A_2 分别为稳定段下游、试验段入口处的横截面面积。

这种风速测量方法称为压强落差法,在低速低湍流度风洞中,就是通过控制压差的方法来控制风洞试验段速度。使用这种方法控制风洞试验段风速必须通过试验来测定两个截面的压力损失系数。

2. 动压修正系数测量

定义动压修正系数

$$\mu = \frac{1}{2}\rho V_2^2/\Delta p \tag{7.12}$$

则

$$\frac{1}{2}\rho V_2^2 = \Delta p \times \mu \tag{7.13}$$

即可以通过动压修正系数,从稳定段与试验段的静压压差求得试验段的风速,而动压修正系数(风洞常数)可以事先通过校测手段精确测定。其方法为:在试验段中心安装已经校正过了的标准风速管,风速管接一台压力计,测量试验段动压;另一台压力计测量风洞压强落差。在不同的动压下运转风洞,测量试验段动压值和压强落差值,即可算得不同速度下的动压修正系数。

值得说明的是用压力计测量压差时存在误差,应予消除。使用斜管微压计测量时,记皮托管和落差法测得的净液柱长度分别为 l 和 l^1,对同一动压,交换两台斜管再进行测量,记录其净液柱长度,则动压修正系数可表示为

$$\mu = \sqrt{(l/l^1)_1 (l/l^1)_2} \tag{7.14}$$

3. 能量比

定义能量比为单位时间内通过试验段的气流动能与单位时间内输入到风洞的能量之比。

能量比有三种不同的形式:

146

（1）单位时间内通过试验段的气流动能与风扇单位时间内输到气流的能量之比：

$$\chi_1 = \frac{0.5\rho V_0^3 A_0}{E} = 1 / \sum_{i=1}^{n} k_{0i} \qquad (7.15)$$

（2）单位时间内通过试验段的气流动能与电动机输到风扇的功率之比：

$$\chi_2 = \frac{0.5\rho V_0^3 A_0}{E/\eta_f} = \eta_f / \sum_{i=1}^{n} k_{0i} \qquad (7.16)$$

（3）单位时间内通过试验段的气流动能与外电源输到风洞电动机的功率之比：

$$\chi_3 = \frac{0.5\rho V_0^3 A_0}{IU} \qquad (7.17)$$

式中：I 为直流电动机的输入电流（A）；U 为直流电动机的输入电压（V）。

本次试验测量第三种形式的能量比。

7.3.3 试验设备

本试验使用的试验设备包括直流式低湍流度风洞、两台斜管微压计（分别测量皮托管引出的总静压差以及稳定段和试验段之间的静压差）和数字式环境参数测量计（可以以很高的精度测量压差，并通过 RS485 接口连接至计算机）。

7.3.4 试验内容

以数字式总静压差计所测量的压差（稳定段和试验段之间的压强落差）为基准，在不同的压差下，用两台斜管测量压强落差和安装在试验段模型区皮托管所测的气流动压；在风洞全风速调节范围内完成一次测量后，将两台斜管对调，在与上轮相同的数字式总静压差计所测量的压差下记录两台斜管的测量数据。在上述测量的同时，记录风洞电机调速柜上的电流、电压和转速值。试验完成后按照前节方法计算风洞常数和功率比。

7.3.5 试验步骤

（1）连接、安装相关设备；

（2）检查风洞及测试设备；

（3）读取斜管的初始液面位置并记录；

（4）记录环境参数；

（5）启动风洞；

（6）检查风洞运行情况；

（7）从零开始调节风速,在不同的风速下稳定后读取两台斜管的液面位置并记录,读取调速控制柜上的电压、电流和转速值并记录；

（8）在不同的风速下测量完成后,风洞关机；

（9）交换两台斜管；

（10）重复（7）、（8）的内容；

（11）整理试验记录；

（12）整理实验室；

（13）处理数据,撰写试验报告。

7.3.6　试验报告要求

（1）计算全风速调节范围内的风洞常数,并绘制风洞常数-风速曲线；

（2）绘制转速-风速曲线；

（3）绘制电机功率-风速曲线；

（4）计算全风速范围内的能量比,并绘制能量比-风速曲线。

7.3.7　思考题

（1）试验段风速与风扇驱动电机功率存在什么关系？分析其内在原理。

（2）能量比随风速有什么变化,其主要原因是什么？

试验结果中存在哪些主要的误差来源,应如何处理及应对,如何减小误差？

7.3.8　数据记录样本

试验名称				试验时间					
环境参数				设备参数					
大气压					系数	初读数		液体密度	
温度			斜管1						
湿度			斜管2						
测量记录									
测量序号	预计风速（m/s）	第一次测量				交换斜管测量			
		落差法/mm	皮托管/mm	电流/A	电压/V	转速/r/min	落差法/mm	皮托管/mm	电流/A	电压/V	转速/r/min
1	0										
2	3										

测量记录											
测量序号	预计风速/(m/s)	第一次测量					交换斜管测量				
		落差法/mm	皮托管/mm	电流/A	电压/V	转速/r/min	落差法/mm	皮托管/mm	电流/A	电压/V	转速/r/min
3	5										
4	8										
5	10										
6	12										
试验人员签名											

7.4　平板边界层测量

7.4.1　试验目的

（1）测量风洞后壁面的边界层分布；
（2）理解边界层的速度分布特点及边界层的发展规律；
（3）了解 DSY-104 电子扫描微压测量系统的原理与应用。

7.4.2　试验原理及方法

当气流流过平板时由于粘性作用使紧贴平板表面处的流速为零,离开板面速度就逐渐增大,最后达到相当于无粘时的气流速度。对平板来说,就等于来流速度了。由于空气粘性很小,只要来流速度不是很小,流速变化大的区域只局限在靠近板面很薄的一层气流内,这一薄层气流通常叫作边界层。人为地规定,自板面起,沿着它的法线方向,至达到99%无粘时的速度处的距离,称为边界层厚度 δ。

不可压流场中,每一点处的总压 P_0,等于该点处的静压和动压 $\frac{1}{2}\rho V^2$ 之和,即

$$p_0 = p + \frac{1}{2}\rho V^2 \tag{7.18}$$

可得

$$V = \sqrt{\frac{2(p_0 - p)}{\rho}} \tag{7.19}$$

因此只需测出边界层内各点处的静压 p，总压 p_0，就可计算出各点的速度。但考虑到垂直平板方向的静压梯度等于零(即 $\partial p/\partial y = 0$)，我们只需在壁面开一静压孔，所测的静压就等于该点所在的平板法线方向上各点的静压。要测边界层内的速度分布就只要测出沿平板法线上各点的总压即可计算得到。

通常边界层内的速度分布用无量纲的形式表示为

$$\frac{v_i}{v_1} = f\left(\frac{y_i}{\delta}\right) \tag{7.20}$$

式中: y_i 为各测点至板面的高度; δ 为边界层厚度; v_1 为边界层外边界上的速度,对平板来说即为来流速度,来流速度由落差法测量的结果给出。

测量总压用的排管由一组很细的空心钢管组成,并用橡皮管连到多管测压设备上,可同时测量多点的总压值。总压排管各测量点的 y_i 值用高度尺量出。由于每根总压管在制造时都会有一定的误差存在,因此,需要校准每一根总压管的系数,方法是将总压管置于试验区中心位置,读取所感受的总压,然后由落差法所测量的压差来校准。

求出各 y_i 点的 v_i/v_1 值后,用线性插值求出 $v_i/v_1 = 0.99$ 处所对应的 y 值,即为边界层厚度 δ。最后画出 $v_i/v_1 = f(y_i/\delta)$ 的曲线,即可得某一截面上边界层的速度分布。

7.4.3　试验设备

本试验使用的试验设备包括直流式低湍流度风洞、数字式环境参数测量计、DSY-104 电子扫描压力测量系统和总压测量排管。

DSY-104 电子扫描压力测量系统由以下几个部分组成(图 7.3):

(1) 压力扫描器单元;

(2) 微压校准单元;

(3) 数采控单元(服务器);

(4) 用户计算机;

(5) 高压(氮气瓶)气源。

用户计算机通过网络与数采控单元连接,向数采控单元发送操作指令;数采控单元通过数采板、I/O 板、RS-232/RS-485 接口与压力扫描器单元、微压校准单元

150

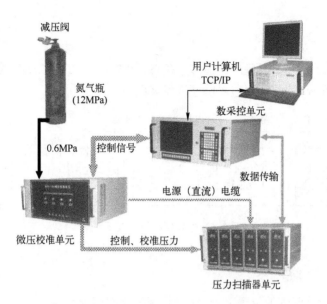

图 7.3　DSY-104 电子扫描微压测量系统

连接,实现该压力测量系统的数据采集、在线校准以及精度检测。

其中,压力扫描器单元是压力感受单元,该单元中配有 192 只压力传感器,可以同时感受 192 个通道的待测压力,并将其转换为电信号。

微压校准单元是进行系统在线校准的关键部件。该单元可以给出所需要的、稳定的校准压力,以及该校准压力的准确值。

数采控单元是系统控制、测量的核心。通过运行相应的服务器程序,可以实现系统的各项功能。

总压测量排管如图 7.4 所示,由 32 根平行的总压管组成。

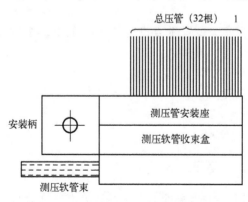

图 7.4　总压测量排管

7.4.4 试验内容

沿风洞轴线方向,测量后壁面多个位置(图 7.5)的边界层分布,绘制各截面上的边界层速度分布图,绘制边界层厚度发展曲线。

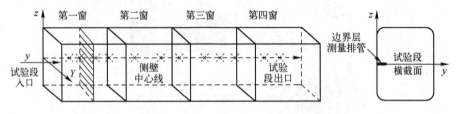

图 7.5 边界层测量位置示意图

7.4.5 试验步骤

(1) 测量总压管的位置并记录(以总压排管端面为 0);

(2) 检查风洞及测试设备;

(3) 记录环境参数;

(4) 连接、安装总压排管;

(5) 测量并记录总压管前端沿风洞轴线的位置(以试验段入口为 0);

(6) 启动风洞;

(7) 检查风洞运行情况;

(8) 调节风洞速度至 30m/s,测量该位置上的总、静压并记录;

(9) 测量完边界层数据后,将总压排管移动到测量区中心,测量其总、静压并记录;

(10) 风洞关车;

(11) 在风洞轴线多个位置重复进行 4~10,测量多个位置的总、静压数值并记录;

(12) 风洞关机;

(13) 整理试验记录;

(14) 整理实验室;

(15) 处理数据,撰写试验报告。

7.4.6 试验报告要求

(1) 在同一幅图上绘制各截面的无量纲边界层速度分布;

(2) 计算各截面的边界层名义厚度;

152

(3) 计算各截面的边界层位移厚度;

(4) 绘制边界层厚度分布图。

7.4.7　思考题

(1) 如何提高试验的精确度? 本试验在测量中可以采取哪些措施?

(2) 如何判断边界层是层流边界层还是湍流边界层?

(3) 为什么测量 v 的分布时只测壁面静压而不需测沿法线上各点的静压?

7.5　二元翼型测压试验

7.5.1　试验目的

(1) 测量 NACA0012 翼型的翼面压力分布;

(2) 理解低速情况下升力的产生机理;

(3) 了解翼型的流动特性及失速现象。

7.5.2　二元翼型测压模型

1. 测压翼型模型

翼面压强分布不仅是结构设计和强度计算的主要外载荷依据,也可用来判断翼型绕流流态和近似确定升力和力矩特性。获取压强分布有两种基本的方法,即试验测量和数值计算。

翼型测压模型如图 7.6 所示,在测量压强分布的模型表面的适当位置布置了测压孔并在模型内留有传压导管布管槽和一定空间。测压模型的每个测压孔通过传压导管分别与多管压力计或扫描阀及压力传感器相连,即可测出模型表面的压强分布。

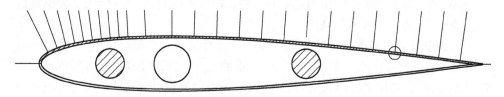

图 7.6　试验用翼型及测点示意图

传压导管由模型内部沿支杆引出风洞。

若模型内有足够的空间,最好将压力扫描阀和传感器安置在模型内,以尽可能缩短传压导管,减少导管内的压力平衡时间。

对翼型而言,测压孔通常布置在翼型上下表面的 0、1.25%、2.5%、5.0%、10.0%、15.0%、20.0%、30.0%、40.0%、50.0%、60%、70%、80%、90%、95%、100%的弦向位置上,并分布在展向的若干个剖面上。每个剖面上、下沿弦向测压孔不少于 15 个,压力变化较剧烈处(如机翼前缘附近)应适当增多。

2. 试验用翼型模型参数

翼型:NACA0012。弦长:250mm。展长:800mm。测压孔布置:中心区上下翼面各布置 25 个测压孔,前缘点布置一个测压孔。测压孔位置:

(1)中心剖面测压孔位置:(沿轴线距头部 mm)

0、5、10、15、20、25、30、35、40、45、50、60、75、87.5、100、112.5、125、137.5、150、162.5、175、187.5、200、212.5、225、237.5

(2)两侧剖面测压孔位置:(沿轴线距头部 mm)

0、5、10、15、20、30、40、50、60、75、100、137.5、162.5、187.5、212.5、237.5

7.5.3 试验原理及方法

1. 数据采集流程

目前风洞测压试验尤其是有大量测点的测压试验,大都采用压力扫描阀(机械扫描阀或电子扫描阀)和压力传感器。

采用压力扫描阀系统进行测压试验的数据采集流程通常为:传感器感受压力,将其转换为电信号,经放大器放大,送采集系统进行 A/D 转换,输入计算机进行处理。

2. 测压试验数据处理

试验数据(测得的压力)通常用无量纲量-压力系数给出。根据压力系数的定义得

$$C_{\mathrm{p}i} = (p_i - p_\infty)/q_\infty \qquad (7.21)$$

式中:$C_{\mathrm{p}i}$ 为模型上第 i 点的压力系数;p_i 为模型上第 i 点测得的静压;p_∞ 为试验段来流静压;q_∞ 为试验段来流动压。

试验中只需测得模型表面各测点的静压 p_i 和试验段来流静压 p_∞ 以及试验段来流动压 q_∞,便可算出对应各测点的压力系数 $C_{\mathrm{p}i}$。在实际测量中,根据所选用的参考压力,对上式作某些形式上的适当变换,便可使测量更为简便。压力分布试验的结果可以采用矢量法、坐标法表示。

7.5.4 试验设备

本试验使用的试验设备包括直流式低湍流度风洞、数字式环境参数测量计以

154

及 DSY-104 电子扫描压力测量系统。

7.5.5　试验内容

在 30m/s 的风速下,以 1°为步进单位,将翼型攻角从-5°逐步增大到+20°,测量翼面的压力分布。

7.5.6　试验步骤

(1) 连接、安装翼型测压模型;
(2) 检查风洞及测试设备;
(3) 记录环境参数;
(4) 启动风洞;
(5) 检查风洞运行情况;
(6) 调节风洞速度至 30m/s;
(7) 调节翼型攻角至-5°,等待一段时间直到流动参数稳定后测量翼面的压强分布;
(8) 以 1°为步进长度调节翼型攻角,待流动参数稳定后测量翼面压强分布,一直测量到攻角为+20°;
(9) 风洞关机;
(10) 整理试验记录;
(11) 整理实验室;
(12) 处理数据,撰写试验报告。

7.5.7　试验报告要求

(1) 用第一种坐标法绘制翼面压力系数分布图;
(2) 积分计算升力及升力系数;
(3) 绘制 C_L-α 曲线;
(4) 查找文献数据并与试验数据对比。

7.5.8　思考题

(1) 在有大量测点的测压试验中,经常遇到的麻烦是如何正确判别与测压孔口表面状态不良或传压导管的堵塞或漏气直接有关的不正常结果数据。测压模型测压孔加工和压力传递管路系统的状态对测压效果有何影响。
(2) 在变换翼型模型攻角后,需要等待一段时间使流动参数稳定以后再进行测量,主要是出于什么考虑?

155

（3）翼型模型攻角发生变化后，其与风洞顶壁和底部间形成的流道发生变化，对风洞中的流动和翼型测压数据将会有何影响？

（4）如何提高试验的精确度？

7.6　标准模型测力试验

7.6.1　试验目的

标准飞机模型测力试验是测量作用在标准飞机模型上的空气动力和力矩，为确定飞机气动特性提供原始数据。本次试验仅做 DBM-01 标准飞机模型纵向试验，即试验时侧滑角 $\beta = 0°$，改变攻角，测量纵向三个分量（升力、阻力和俯仰力矩）系数 C_L、C_D 和 M_z 随攻角 α 的变化规律。

7.6.2　试验原理

风洞试验中气动力的测量是通过气动力天平在天平的体轴系内进行的。

空气动力天平是用于测量作用在模型上空气动力载荷的一种测量装置，简称天平。一般情况下，空气动力的合力作用点和方向都是未知量，需要在试验中用天平测定。天平可以将作用在模型上的空气动力按空间笛卡儿坐标系分解成三个互相垂直的力和绕三个坐标轴的力矩分别加以测量，从而确定作用在模型上空气动力的大小、方向和作用点。通常，天平坐标轴系的原点 O 位于天平中心，x 轴沿中心轴；y 轴在天平的纵向对称面内，垂直于 x 轴；z 轴垂直于天平的纵向对称面，符合右手定则。天平测量的结果通常要转换至用户需要的坐标轴系。

天平一般由模型支撑机构、力的分解和传送机构、敏感元件和天平支承机构等主要部分组成。在有些天平中，敏感元件同时也是力的分解和传力机构。天平支承需保证测量过程中各姿态角不变，同时，当试验条件需要改变时又能很方便地改变模型的姿态角。

由于空气动力的试验对象种类很多，所以与之对应的风洞中配备有各种用途和各种量程的天平，其数量可多达数十支。对各种天平如何分类目前尚不统一。根据测量原理可分为机械天平、应变天平和磁悬天平。机械天平是根据杠杆平衡原理进行测力的。应变天平是根据测力元件受力后产生应变，通过参量变换把机械应变转换为电信号的原理进行测力的。磁悬天平是利用磁力将内部装有磁芯的模型悬浮于风洞试验段中，用外磁场变化改变模型的位置和姿态，利用磁场的变化平衡模型受的气动力，通过对磁场变化的测量而得出待测的气动力。这类天平尚在研究阶段。

本次试验采用尾撑式六分力应变天平。

7.6.3 试验设备

本试验使用的试验设备包括直流式低湍流度风洞、数字式环境参数测量计、DSY-104 电子扫描压力测量系统和应变天平。

1. 信号放大器

其功用是将来自于天平各分量电桥的微小电压输出放大到能被计算机接受的电压值。

2. A/D 模数转换数据采集板

由于计算机只能处理数字信号,而天平各分量的输出信号是模拟信号,因此须先用 A/D 模数转换数据采集板将天平输出的模拟信号转换成数字信号,方能由计算机对采集的信号数据进行处理。

3. 气动力采集计算机

通过已有程序软件对标准飞机模型的测力进行过程控制、数据采集和后处理。

7.6.4 试验内容

本次试验针对 DBM-01 标准模型气动力随攻角的变化进行试验测量。

7.6.5 试验步骤

(1) 将标准飞机模型安装于测力天平上,对标准飞机模型做水平或垂直调整,将模型的攻角 α、侧滑角 β 分别调整为 $0°$;

(2) 检查各有关设备之间的连线是否连接正确;

(3) 通过信号放大器显示屏检测天平各分量的信号输出值是否正常;

(4) 测量并记录天平各分量初始数据(即天平各分量静态数值);

(5) 开启风洞将风速调整为约 30m/s,侧滑角为 $\beta = 0$,改变攻角 α 攻角变化范围为 $-4° \sim 20°$,攻角变化间隔为 $2°$;

(6) 测量气动力;

(7) 风洞关机;

(8) 整理试验记录;

(9) 整理实验室;

(10) 处理数据,撰写试验报告。

7.6.6 思考题

(1) 模型自重对于气动力测量有什么影响?

（2）如何消除天平测量时各个分量之间的相互影响？

（3）为什么改变攻角要等到气流重新稳定以后才能进行气动力测量，在攻角持续变化时某一攻角下所测量的气动力与某一攻角稳定状态下测得的气动力会有什么不同？

7.7 低气压等离子体放电与诱导流动试验

7.7.1 试验目的

（1）认识低气压下等离子体放电的特性；

（2）理解粒子图像测速原理；

（3）掌握低气压下密闭静止空气中的 PIV 技术；

（4）掌握等离子体诱导射流随气压的变化特性。

7.7.2 试验原理及方法

低气压下密闭环境中使用 PIV 技术的难点在于示踪粒子的撒播及悬浮，可采用粒子沉积-充气搅动的方法进行粒子播撒。方法如下：

（1）在大气压下产生示踪粒子，该粒子沉积在舱壁上，然后关闭舱门抽气降压，抽气过程中沉积在壁面的示踪粒子不进入真空泵，从而不对真空泵造成损害，必要时可在真空泵入口安装过滤装置；

（2）真空泵将气压降低到约 200Pa 时停止工作，然后打开快速充气阀门，产生的高速空气射流冲击舱壁并产生强烈扰流，从而将沉积粒子携带到空气中，实现粒子播撒，该过程中充气阀门必须快速开关，否则冲入气体过多将导致气压过高，只能重新试验；

（3）经过一段时间后，舱内气流稳定，此时即可进行 PIV 测速试验。

由于低气压下空气稀薄，示踪粒子难以长时间悬浮，因此 PIV 测速试验必须快速进行。

7.7.3 试验设备

本试验使用的试验设备包括真空舱及其控制系统、等离子体激励器及激励电源、粒子图像测速系统、高压探头、电流探头、示波器，如图 7.7～图 7.9 所示。

真空舱净尺寸为 1000mm×800mm×1750mm，真空舱压力采用真空规管测量（精度 1torr）。激励电源通过两个高压接线柱引入真空舱，接线柱为铜柱，外表面为聚四氟乙烯绝缘棒制作的绝缘层，绝缘棒外表面加工为螺纹状以控制爬电，绝缘

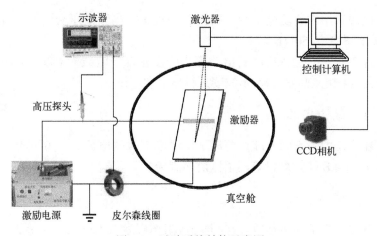

图 7.7　试验系统结构示意图

图 7.8　等离子体激励器面板

图 7.9　试验系统

棒和铜柱之间紧密结合并通过 O 形圈密封。

　　PIV 系统包括 Nd：YAG 双脉冲式激光器、同步控制器、Kodak 科研级芯片 CCD 相机、计算机和图像处理软件。试验过程中激光脉冲重复频率为 5Hz。激光波长为 532nm，单脉冲能量 350mJ，脉冲宽度 6～8ns；CCD 分辨率 2048×2048，像素尺寸 7.4μm。

激励电源采用中科院电工所研制的 HFHV30-1 高频高压交流电源,输出电压±15kV,输出频率 1~50kHz。

高压探头为安捷伦 N2771B,电流探头为皮尔森电流线圈 6595,电压、电流测量结果使用安捷伦 DSO3024A 示波器进行显示和记录。

7.7.4 试验内容

真空舱内压力为 5000Pa 时,等离子体激励电源的电压为 4、6、8kV,激励频率分别为 8、10、12kHz 时,测量等离子体诱导流场。

7.7.5 试验步骤

(1)制作等离子体激励器:激励器介质阻挡层为 200mm×200mm×2mm 的环氧树脂板,表面喷涂黑色亚光漆;采用铜箔制作激励器电极,暴露电极、植入电极宽度分别为 5mm、20mm,极间距离为 0mm,两电极重合长度为 50mm。

(2)启动 PIV 系统,根据参照物计算图像放大率,激光能量设定为 720,脉冲间隔由预估的射流速度和图像放大率确定,一般可设为 1000~2000μs。

(3)在真空舱中点燃烟饼,关闭舱门。

(4)将 PIV 控制软件中"相机控制"窗口中相机"工作模式"选择为"PIV 模式",单击"运行",选择实时显示拍摄图像功能;打开镜头盖,将镜头光圈调整至合适大小,调整镜头焦距直至照片中可清晰显示粒子图像并有大量明亮光点出现为止,完成测量系统调焦,单击"激光控制"窗口中"停止"按钮,停止激光器工作。

(5)打开真空舱门,将舱内悬浮的示踪粒子排出。

(6)将制作好的等离子体激励器安装在真空舱内,激励器电极展向与 PIV 照明激光入射线垂直,连接好高压电路,控制软件中选择"连续",激励频率为 8kHz,手动调整激励电压,测试放电是否正常,关闭电源。

(7)再次在真空舱中点燃烟饼,关闭舱门。

(8)静置一段时间,直至舱内示踪粒子全部沉积下来。

(9)启动真空泵,将舱内压力降至约 200Pa。

(10)打开快速充气阀门,产生的高速空气射流冲击舱壁并产生强烈扰流,从而将沉积粒子携带到空气中,完成粒子播撒。

(11)静置一段时间,直至舱内示踪粒子达到比较稳定的状态。

(12)启动 PIV 系统,打开"图像记录"窗口,在"图像缓存"栏目中"开始位置"及"截止位置"中输入存放图像的缓存位置,"开始位置"输入 1,"截止位置"处输入 120,单击"运行"。

(13)启动激励电源,激励模式和频率不变,手动调节激励电压,根据示波器显

160

示结果将电压增加到 4kV 时停止。

（14）电压达到 4kV 后 2~3s,单击 PIV 系统的"图像记录"开始记录。

（15）保存记录图像。

（16）改变激励参数,重复步骤(8)~(15),直至所有试验全部完成。

（17）读入存储的图像,处理图像,保存处理结果。

（18）整理实验室。

（19）分析试验结果,撰写试验报告。

7.7.6 思考题

（1）采用烟饼燃烧产生的粒子作为示踪粒子对测量结果有什么影响?

（2）如何消除、降低示踪粒子漂移运动的影响?

（3）如何提高试验效率?

7.8 等离子体抑制翼型流动分离试验

7.8.1 试验目的

（1）了解等离子体对翼型流动分离的抑制作用;

（2）理解等离子体增升减阻机理;

（3）掌握相似准则的导出方法及应用。

7.8.2 试验原理

采集施加等离子体作用前后翼型表面压力分布,使用坐标法绘制压力系数沿翼型流向的分布,通过观察压力系数变化分析流动分离位置,详细数据测量过程见前文二元翼型测压试验。

飞行器实际飞行中会经历从地面到高空的不同高度,由于空气密度、压力的变化,导致等离子体放电出现明显变化,进而对流动控制效果造成影响,因此研究等离子体流动控制技术需要考虑实际应用时飞行高度的影响。地面试验模拟不同高度下等离子体对飞行器/部件流场的控制效果,模拟对象包括飞行器/部件和等离子体诱导流场,因此必须同时满足飞行器/部件相似和等离子体诱导射流相似两个条件。等离子体诱导射流相似包括体积力相似、放热相似两个相似准则。

1. 等离子体体积力相似准则

表面介质阻挡放电等离子体体积力对自由空气的控制作用体现在动量方程中,即在空气动力学动量方程中增加一个体积力源项,这也是现在等离子体流动控制数值仿真的常用方法。由于等离子体体积力主要为 x 方向力,这里以 x 方向为例进行讨论,且仅考虑存在等离子体体积力的区域。包含等离子体体积力的动量方程如下:

$$\rho \frac{\partial u}{\partial t}+\rho u \frac{\partial u}{\partial x}+\rho v \frac{\partial u}{\partial y}=\rho f_x+F_x-\frac{\partial p}{\partial x}+\frac{\partial}{\partial x}\left[2\mu \frac{\partial u}{\partial x}-\frac{2}{3}\mu\left(\frac{\partial u}{\partial x}+\frac{\partial v}{\partial y}\right)\right]$$
$$+\frac{\partial}{\partial y}\left[2\mu \frac{\partial v}{\partial y}-\frac{2}{3}\mu\left(\frac{\partial u}{\partial y}+\frac{\partial v}{\partial x}\right)\right] \tag{7.22}$$

式中:F_x 为 x 轴方向等离子体体积力密度(N/m^3);f_x 为 x 轴方向彻体力;ρ 为空气密度;u、v 分别为 x 轴、y 轴方向速度;p 为空气压强;μ 为粘性系数。

对于两个相似流场,涉及的主要相似变换式包括:

$$\frac{x}{x'}=\frac{y}{y'}=\frac{l}{l'}=c_l, \quad \frac{t}{t'}=c_t, \quad \frac{u}{u'}=\frac{v}{v'}=c_v, \quad \frac{f_x}{f_x'}=c_f, \quad \frac{F_x}{F_x'}=c_F, \quad \frac{p}{p'}=c_P, \quad \frac{\rho}{\rho'}=c_\rho,$$
$$\frac{\mu}{\mu'}=c_\mu \tag{7.23}$$

将式(7.23)代入式(7.22),经过整理后可以得到

$$\frac{c_l}{c_v c_t}\rho' \frac{\partial u'}{\partial t'}+\rho' u' \frac{\partial u'}{\partial x'}+\rho' v' \frac{\partial u'}{\partial y'}=\frac{c_f c_l}{c_v^2}\rho' f_x'+\frac{c_F c_l}{c_\rho c_v^2}F_x'-\frac{c_P}{c_\rho c_v^2}\frac{\partial p'}{\partial x'}$$
$$+\frac{c_\mu}{c_\rho c_v c_l}\frac{\partial}{\partial x'}\left[2\mu' \frac{\partial u'}{\partial x'}-\frac{2}{3}\mu'\left(\frac{\partial u'}{\partial x'}+\frac{\partial v'}{\partial y'}\right)\right]$$
$$+\frac{c_\mu}{c_\rho c_v c_l}\frac{\partial}{\partial y'}\left[2\mu' \frac{\partial v'}{\partial y'}-\frac{2}{3}\mu'\left(\frac{\partial u'}{\partial y'}+\frac{\partial v'}{\partial x'}\right)\right] \tag{7.24}$$

这里主要关注等离子体体积力,令方程右侧第二项前面的相似指标等于1,即

$$\frac{c_F c_l}{c_\rho c_v^2}=1 \tag{7.25}$$

将式(7.23)代入式(7.25),得到

$$\frac{F_x l}{\rho u^2}=\frac{F_x' l'}{\rho' u'^2} \tag{7.26}$$

因此这里将相似参数定义为

$$Re_p=\frac{F_x l}{\rho u^2} \tag{7.27}$$

为进一步简化,将式(7.27)进行变化:

$$Re_p=\frac{F_x l}{\rho u^2}=\frac{\mu}{\rho u l}\times\frac{F_x l^2}{u\mu}=\frac{1}{Re}\times\frac{F_x l^2}{u\mu} \tag{7.28}$$

当主流场满足雷诺数相似时,式(7.28)可进一步简化为

162

$$Re_p = \frac{F_x l^2}{u\mu} \qquad (7.29)$$

由于等离子体放电产生的体积力是一个非均匀场,且难以准确测量体积力场的分布情况,考虑到 $F_x l^2$ 具有 N/m 的量纲,相当于单位长度激励器产生的体积力,因此这里用单位长度激励器产生的体积力 F_L 代替 $F_x l^2$,得到以下相似参数:

$$Re_p = \frac{F_L}{u\mu} \qquad (7.30)$$

单位长度激励器体积力 F_L 可以采用两种方法得到。一种是使用测力设备如微力天平、钟摆机构等直接测量,此时可使用式(7.30)作为相似参数。其次,当来流速度较低时,来流速度对等离子体放电过程的影响很小,可以忽略,即认为此时来流速度不会影响 F_L,因此 F_L 可通过静止空气中等离子体诱导射流 x 方向速度剖面积分得到:

$$F_L = \rho \int_0^H U(y)^2 \Delta y = \rho \overline{U}(y)^2 h_{0.5} \qquad (7.31)$$

式中:$U(y)$ 为静止空气中等离子体诱导射流距壁面 y 处的 x 方向速度;H 为静止空气中等离子体诱导射流的总高度;$h_{0.5}$ 为静止空气中等离子体诱导射流最大速度半高宽,即速度等于最大速度 1/2 点距离壁面的高度;$\overline{U}(y)$ 为基于 $h_{0.5}$ 的平均速度。

如图 7.10 所示,该等离子体诱导射流的最大速度为 0.36m/s,其 1/2 为 0.18m/s,对应的位置为图中箭头处,其高度约为 10.5mm,即为该射流的半高宽。

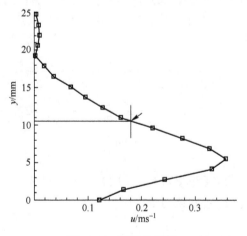

图 7.10　射流半高宽

将式(7.31)代入式(7.30)可得

$$Re_p = \frac{\rho \, \overline{U}(y)^2 h_{0.5}}{u\mu} = \rho\left[\frac{\overline{U}(y)^2}{u}\right]h_{0.5}/\mu \qquad (7.32)$$

为进一步简化应用,可使用等离子体诱导射流最大速度 U_{max} 代替 $\overline{U}(y)$,可得

$$Re_p = \frac{U_{max}}{u}\frac{\rho U_{max}h_{0.5}}{\mu} \qquad (7.33)$$

式(7.33)即为等离子体流动控制中诱导射流的相似准则,对于静止空气而言,来流速度为0,出现奇点,式(7.33)可异化为

$$Re_p = \frac{\rho U_{max}h_{0.5}}{\mu} \qquad (7.34)$$

综上所述,等离子体体积力产生的诱导射流其相似参数具有雷诺数的特点,因此参考雷诺数的符号 Re 将这里的相似参数定义为 Re_p,下标 p 表示等离子体。静止空气中,可采用基于诱导射流最大速度和射流半高宽的射流雷诺数作为相似参数。有来流时,如果可以直接测量激励器单位长度作用力,可采用基于激励器单位长度作用力、来流速度和动力粘性系数的雷诺数作为相似参数,这里将其称为单位长度作用力相似;如果能够测量诱导射流的速度剖面,则可采用基于射流雷诺数、射流最大速度和来流速度的雷诺数作为相似参数,这里将其称为速度修正射流雷诺数相似。上述三个相似参数的问题在于试验测量结果都包含了壁面摩擦阻力的影响,因此还需要通过试验研究进行修正。

2. 等离子体放热相似准则

表面介质阻挡放电等离子体放热对自由空气的控制作用体现在能量方程中,这里从能量方程分析等离子体放热,且仅考虑等离子体放热区域,包含了等离子体放热的能量方程如下:

$$\begin{aligned}
\rho\left[\frac{\partial}{\partial t}(c_pT) + u\frac{\partial}{\partial x}(c_pT) + v\frac{\partial}{\partial y}(c_pT)\right] &= \frac{\partial p}{\partial t} + \frac{\partial Q}{\partial t} + u\frac{\partial p}{\partial x} + v\frac{\partial p}{\partial y} + \frac{\partial}{\partial x}\left(\lambda\frac{\partial T}{\partial x}\right) + \frac{\partial}{\partial y}\left(\lambda\frac{\partial T}{\partial y}\right)\\
&+\mu\left\{-\frac{2}{3}\left(\frac{\partial u}{\partial x}+\frac{\partial v}{\partial y}\right)^2 + 2\left[\left(\frac{\partial u}{\partial x}\right)^2 + \left(\frac{\partial v}{\partial y}\right)^2\right]\right.\\
&\left.+\left(\frac{\partial u}{\partial x}+\frac{\partial v}{\partial y}\right)\right\}
\end{aligned} \qquad (7.35)$$

式中: c_p 为定压比热(与式(7.23)中 c_p 不同); λ 为导热系数; Q 为放电产生的单位体积内的热量密度(J/m^3),其物理量比例关系式为

$$\frac{Q}{Q'} = c_Q \qquad (7.36)$$

将式(7.23)、式(7.36)代入式(7.35),经过变换后可以得到等离子体放热项前的相似指标并令其等于1:

164

$$\frac{c_1 c_v c_Q}{c_{cp} c_\mu c_T} = 1 \tag{7.37}$$

进一步变换为

$$\frac{c_1 c_v c_Q}{c_{cp} c_\mu c_T} = \frac{c_1 c_v c_p c_Q}{c_{cp} c_\mu c_T c_p} = 1 \tag{7.38}$$

式中：由 $\dfrac{c_1 c_v c_p}{c_{cp} c_\mu c_T} = 1$ 可以得到比热比 γ，则在满足比热比相同的条件下，式(7.38)可转化为

$$\frac{c_1 c_v c_Q}{c_{cp} c_\mu c_T} = \frac{c_1 c_v c_p c_Q}{c_{cp} c_\mu c_T c_p} = \frac{c_Q}{c_p} = 1 \tag{7.39}$$

将式(7.23)、式(7.36)代入式(7.39)，得到等离子体放热的相似参数为 Q/p。由于热量的分布范围、分布规律不可能做到完全相似，也非常难以测量，这里考虑 Q 的单位为 J/m^3，可转化为 $J/m^3 = N \cdot m/m^3 = N/m^2 = Pa$，与压强具有相同的量纲，而实际上等离子体放热的主要效果就是产生压力扰动，因此这里采用压力扰动 Δp 作为 Q 的代替量，因此可以得到相似参数 $\Delta p/p$，它表示无量纲扰动压力。不过实际中 Δp 会随时间、地点逐渐发生变化，本书建议采用等离子体激励器两个电极相邻处上方某一相似位置的最大压力脉动为参考量。可以看到，该相似准则同样适用于局部电弧丝状放电等离子体。

7.8.3 试验设备

本试验使用的试验设备包括直流式低湍流度风洞、S1223 翼型模型(图7.11)、数字式环境参数测量计、DSY-104 电子扫描压力测量系统、等离子体激励器及激励电源、高压探头、电流探头、示波器。

图7.11　安装了等离子体激励器的 S1223 翼型模型

S1223 翼型模型弦长 200mm,展长 790mm,采用环氧树脂加工。模型上下表面分别布置 18、17 个测压孔,分别位于弦长的 0、2.5%、5.0%、7.5%、10.0%、15.0%、22.5%、28.75%、35.0%、41.25%、47.5%、53.75%、60.0%、66.25%、72.5%、78.75%、85.0% 和 91.25%。

7.8.4　试验内容

在 10m/s 的风速下,以 2° 为步进单位,将翼型攻角从 −20° 逐步增大到 +20°,测量开启等离子体激励器前后的翼面压力分布。

7.8.5　试验步骤

(1) 连接、安装翼型测压模型。
(2) 检查风洞及测试设备。
(3) 记录环境参数。
(4) 启动风洞。
(5) 检查风洞运行情况。
(6) 调节风洞速度至 10m/s。
(7) 调节翼型攻角至 −20°,等待一段时间直到流动参数稳定后测量翼面的压强分布。
(8) 以 2° 为步进长度调节翼型攻角,待流动参数稳定后测量翼面压强分布,一直测量到攻角为 +20°。
(9) 风洞关机。
(10) 拆除、取出 S1223 翼型模型。
(11) 在 S1223 翼型模型前缘安装等离子体激励器:首先在翼型前缘表面粘贴植入电极,电极采用铜箔制作,宽度 10mm,长度 500mm,电极一端与翼型一端重合;其次在植入电极上表面粘贴 3 层 20mm 宽度的 Kapton 胶带作为介质阻挡层;最后在介质阻挡层上面粘贴暴露电极,宽度 5mm,长度 500mm,电极一端与翼型另一端重合。
(12) 将安装了等离子体激励器的翼型模型安装在风洞中,等离子体激励器两个电极分别与激励电源的高压、地线端相连,检查等离子体激励器线路。
(13) 启动风洞,将风速调节至 10m/s。
(14) 调节翼型攻角至 −20°,等待一段时间直到流动参数稳定后测量翼面的压强分布;开启等离子体激励器,等待一段时间直到流动参数稳定后再次测量翼面的压强分布。
(15) 以 2° 为步进长度调节翼型攻角,重复步骤(14)一直测量到攻角为 +20°。

（16）整理试验记录。

（17）整理实验室。

（18）处理数据,撰写试验报告。

上述试验是已知高空等离子体诱导射流相似参数,并据此确定了地面模拟等离子体激励器工作参数,或者不考虑等离子体诱导射流的相似性开展的试验工作,如果需要开展完整试验需要结合前文低气压等离子体放电与诱导射流试验一起实施试验。

7.8.6　思考题

（1）翼型发生流动分离后,其表面压力系数有什么特征？

（2）流动分离对翼型升力、阻力有何影响？

（3）等离子体抑制翼型流动分离的机理是什么？

附录 1 标准大气简表

H/km	T/K	$p\times10^{-4}/\text{Pa}$	$\rho/(\text{kg/m}^3)$	$a/(\text{m/s})$	$\mu\times10^5/(\text{Pa}\cdot\text{s})$
0	0288.15	10.13252	1.22505	340.29	1.7894
1	281.65	8.98750	1.11168	336.43	1.7578
2	275.15	7.94956	1.00646	332.53	1.7260
3	268.65	7.01087	0.90913	328.58	1.6937
4	262.15	6.16407	0.81913	324.58	1.6111
5	255.65	5.40199	0.73612	320.53	1.6281
6	249.15	4.71808	0.65969	316.43	1.5948
7	242.65	4.10604	0.58950	312.27	1.5609
8	236.15	3.56001	0.52517	3.8.06	1.5268
9	229.65	3.07429	0.46635	3.3.79	1.4922
10	223.15	2.64358	0.41270	299.46	1.4571
11	216.65	2.26318	0.36391	295.07	1.4216
12	216.65	1.93309	0.31083	295.07	1.4216
13	216.65	1.65105	0.26549	295.07	1.4216
14	216.65	1.41020	0.22675	295.07	1.4216
15	216.65	1.20445	0.19367	295.07	1.4216
16	216.65	1.02872	0.16542	295.07	1.4216
17	216.65	0.87867	0.14128	295.07	1.4216
18	216.65	0.75048	0.12068	295.07	1.4216
19	216.65	0.64100	0.10307	295.07	1.4216
20	216.65	0.54749	0.08803	295.07	1.4216
22	218.65	0.39997	0.06373	296.43	1.4326
24	220.65	0.29305	0.04627	297.78	1.4435
26	222.65	0.21531	0.03369	299.13	1.4544

（续）

H/km	T/K	$p\times10^{-4}/\text{Pa}$	$\rho/(\text{kg/m}^3)$	$a/(\text{m/s})$	$\mu\times10^5/(\text{Pa}\cdot\text{s})$
28	224.65	0.15863	0.02460	300.47	1.4652
30	226.65	0.11719	0.01801	301.80	1.4760
32	228.65	0.08680	0.01323	303.13	1.4868

附录2 空气动力学中常用的有量纲 物理量的 SI 单位和量纲

物　理　量		SI 单位			量　纲
名　称	符　号	国际符号	用其他 SI 单位表示的表示式	用 SI 基本单位表示的表示式	
长度	l	m		m	L
质量	m	kg		kg	M
时间	t	s		s	T
力	F	N		$m \cdot kg \cdot s^{-2}$	LMT^{-2}
密度	ρ	kg/m^2		$kg \cdot m^{-2}$	$L^{-3}M$
速度	v	m/s		$m \cdot s^{-1}$	LT^{-1}
加速度	a	m/s^2		$m \cdot s^{-2}$	LT^{-2}
角速度;角频率	ω	rad/s		s^{-1}	T^{-1}
压力;压强;应力	$p;\sigma;\tau$	Pa	N/m^2	$m^{-1} \cdot kg \cdot s^{-2}$	$L^{-1}MT^{-2}$
能;功;热量	$E;W;Q$	J	N/m	$m^2 \cdot kg \cdot s^{-2}$	L^2MT^{-2}
功率	P	W	J/s	$m^2 \cdot kg \cdot s^{-3}$	L^2MT^{-2}
频率	f	Hz		s^{-1}	T^{-1}
力矩	M	$N \cdot M$		$m^2 \cdot kg \cdot s^{-2}$	L^2MT^{-2}
动量	p	$kg \cdot m/s$		$m \cdot kg \cdot s^{-2}$	LMT^{-1}
动量矩	L	$kg \cdot m^2/s$		$m^2 \cdot kg \cdot s^{-1}$	L^2MT^{-1}
转动惯量	J	$kg \cdot m^2$		$kg \cdot m^2$	L^2M
(动力)粘性系数	μ	$Pa \cdot s$	$N \cdot s/m^2$	$m^{-1} \cdot kg \cdot s^{-1}$	$L^{-1}MT^{-1}$
运动粘性系数	v	m^2/s		$m^2 s^{-1}$	L^2T^{-1}
弹性模量	E	Pa	N/m^2	$m^{-1} \cdot kg \cdot s^{-2}$	$L^{-1}MT^{-2}$
热力学温度	T	K		K	Θ

物　理　量		SI 单位			量　纲
名　　称	符　号	国际符号	用其他 SI 单位表示的表示式	用 SI 基本单位表示的表示式	
气体常数	R	N · m/(kg · K)		$m^2 · s^{-2} K^{-1}$	$L^2 T^{-2} \Theta^{-1}$
熵	S	J/K		$m^2 · kg · s^{-2} K^{-1}$	$L^2 M T^2 \Theta^{-1}$
焓	H	J		$m^2 · kg · s^{-2}$	$L^2 M T^{-2}$
比热(比热容)	c	J/(kg · K)		$m^2 · s^{-2} K^{-1}$	$L^2 T^{-2} \Theta^{-1}$
热导率(导热系数)	λ	W/(m · K)	I/(m · s · K)	$m · kg · s^{-3} · K^{-1}$	$L M T^{-3} \Theta^{-1}$
传热系数	h	W/(m² · K)	I/(m² · s · K)	$kg · s^{-3} K^{-1}$	$M T^{-3} \Theta^{-1}$

参 考 文 献

[1] 白存儒,何克敏,郭渠渝,等. 西工大低湍流度风洞的变湍流度技术[J]. 气动实验与测量控制,1995,9(4):14-19.

[2] 艾伦·波普,约翰·J·哈珀. 低速风洞实验[M]. 彭锡铭,等译. 北京:国防工业出版社,1977.

[3] 夏玉顺,郗忠祥,鲍国华. 风洞特种实验[M]. 北京:航空专业教材编审组. 1983.

[4] 陶文铨. 数值传热学[M]. 西安:西安交通大学出版社,1986.

[5] 恽起麟. 实验空气动力学[M]. 北京:国防工业出版社,1991.

[6] 任思根. 实验空气动力学[M]. 北京:宇航出版社,1996.

[7] 恽起麟. 风洞实验[M]. 北京:国防工业出版社,2000.

[8] 贺德馨. 风洞天平[M]. 北京:国防工业出版社,2001.

[9] 梁晋文,陈林才,何贡. 误差理论与数据处理[M]. 北京:中国计量出版社,2001.

[10] 范洁川. 风洞试验手册[M]. 北京:航空工业出版社,2002.

[11] 王勋年. 低速风洞试验[M]. 北京:国防工业出版社,2002.

[12] 杨祖清. 流动显示技术[M]. 北京:国防工业出版社,2002.

[13] 高永卫. 实验流体力学基础[M]. 西安:西北工业大学出版社,2002.

[14] 费业泰. 误差理论与数据处理[M]. 北京:机械工业出版社,2003.

[15] 周自全. 飞行试验工程[M]. 北京:航空工业出版社,2010.

[16] 耿辉. 超声速燃烧室中凹腔上游横向喷注燃料的流动、混合与燃烧特性研究[D]. 长沙:国防科技大学,2007.

[17] 聂万胜,程钰锋,车学科. 介质阻挡放电等离子体流动控制研究进展[J]. 力学进展,2012,42(6):722-734.

[18] 程钰锋,聂万胜,车学科,等. 不同压力下DBD等离子体诱导流场演化的试验研究[J]. 物理学报,2013,62(10):104702.

[19] 车学科,聂万胜,周朋辉,等. 亚微秒脉冲表面介质阻挡放电等离子体诱导连续漩涡的研究[J]. 物理学报,2013,62(22),224702.

[20] 车学科,聂万胜,侯志勇,等. 地面试验模拟高空等离子体流动控制效果研究[J]. 航空学报,2015,36(2):441-448.

[21] 车学科,聂万胜,田希晖,等. 表面介质阻挡放电等离子体诱导流场相似准则及应用[J]. 高电压技术,2016,42(3):769-774.

172